Advances in Anatomy, Embryology and Cell Biology
Ergebnisse der Anatomie und Entwicklungsgeschichte
Revues d'anatomie et de morphologie expérimentale

51 · 5

Reinhart Gossrau

Die Lysosomen des Darmepithels

Eine entwicklungsgeschichtliche Untersuchung

Mit 74 Abbildungen

Springer-Verlag Berlin Heidelberg GmbH 1975

Dr. med. Reinhart Gossrau
Anatomisches Institut der Universität Würzburg
8700 Würzburg
Koellikerstr. 6
Bundesrepublik Deutschland

Herrn Prof. Dr. T. H. Schiebler gewidmet

ISBN 978-3-540-07271-3   ISBN 978-3-642-66144-0 (eBook)
DOI 10.1007/978-3-642-66144-0

Library of Congress Cataloging in Publication Data

Gossrau, Reinhart, 1941-
Die Lysosomen des Darmephithels.

(Advances in anatomy, embryology, and cell biology: v. 51, fasc. 5)
Summary in English.
Bibliography: p.
Includes index.
1. Lysosomes. 2. Intestines. 3. Epithelium. I. Title. II. Title. Lysosomes in the epithelium of the intestine.
III. Series.
QL801.E67 vol. 51, fasc. 5 [QH603.L9] 574.4'08s

[591.8'734]   75-9935

Inhalt

Einleitung

Bei Ratten bestehen zwischen der prä- und postnatalen Entwicklung des Darmepithels typische Unterschiede. *Pränatal* wird der Darm — insbesondere im letzten Drittel der Tragzeit — auf die postnatale Tätigkeit vorbereitet (Vollrath, 1969). In dieser Zeit verlängert sich der Darm, Zotten entstehen und das mehrreihige Epithel wird hochprismatisch einschichtig (Hummel, 1935; Patzelt, 1936; Kammeraad, 1942; Behnke, 1963a, b; O'Connor, 1966; Deren, 1968; Vollrath, 1969; Shervey, 1973). Im Elektronenmikroskop erkennt man, daß die Enterocyten ihr terminales Netzwerk und Mikrovilli ausbilden; ferner nehmen Lysosomen, Mitochondrien, endoplasmatisches Reticulum und Golgi-Apparat zu (Behnke, 1963a, b; Dunn, 1967; Hayward, 1967a, b; Vollrath, 1969; Williams und Beck, 1969a). Histochemisch und biochemisch lassen sich dann in Lysosomen und im Bürstensaum des Darmepithels erstmalig Glykosidasen, Phosphatasen und Peptidhydrolasen nachweisen, deren Aktivität gemeinsam mit der der schon vorher vorhandenen cytoplasmatischen und mitochondrialen Oxydoreductasen in den letzten Tagen der Pränatalzeit auffällig ansteigt (Cohen, 1957; Semenza, 1968; Vollrath, 1969; Williams und Beck, 1969a; Gossrau, 1973b, g; Shervey, 1973). Die weitgehende Differenzierung versetzt den Dünndarm bereits vor der Geburt in die Lage, u.a. mit dem Fruchtwasser intrauterin angebotene Fette und Proteine zu resorbieren (Vollrath, 1969; Williams und Beck, 1969a; Orlic und Lev, 1973).

Postnatal entwickelt sich das Darmepithel weiter, während gleichzeitig Bestandteile der Muttermilch resorbiert werden. Morphologisch treten im proximalen Intestinum mit Fett gefüllte Enterocyten und distal Saumzellen mit proteinhaltigen Riesenvacuolen auf (v. Möllendorff, 1925; Clark, 1959). Kohlenhydrate werden — wenn auch in unterschiedlicher Menge — offenbar überall von mikrovillären Enzymen hydrolysiert und in die Enterocyten eingeschleust (Koldovsky *et al.*, 1961, 1965b; Koldovsky, 1969; Gossrau, 1973g). Die Aktivität der lysosomalen, cytoplasmatischen und mitochondrialen Enzyme steigt weiter an (Koldovsky *et al.*, 1961; Kubat und Koldovsky, 1969) und erreicht für einige saure Hydrolasen im unteren Dünndarm extrem hohe Werte (Vacek, 1964; Heringova *et al.*, 1965; Koldovsky und Chytil, 1965; Asp *et al.*, 1968; Cornell und Padykula, 1969; Nordström *et al.*, 1969; Williams und Beck, 1969a; Gossrau, 1973g; Shervey, 1973). In den Mikrovilli ändern sich dagegen im Vergleich zu früher die Aktivitäten der Peptidhydrolasen und β-Glykosidasen nicht (Alvarez und Sas, 1961; Doell und Kretschmer, 1962; Yeznitova *et al.*, 1964; Noack *et al.*, 1966; Gossrau, 1973b); die der α-Glykosidasen, Naphthylamidasen und alkalischen Phosphatase steigt am Ende der 2. oder 3. Lebenswoche stark an (Moog, 1951, 1961, 1962; Doell und Kretschmer, 1964; Rubino *et al.*, 1964; Semenza, 1968; Moog *et al.*, 1971, 1973; Arthur, 1968).

Applikation von Glucocorticoiden verlegt in den Mikrovilli das Auftreten verschiedener Hydrolasen vor oder sorgt für ihren vorzeitigen Aktivitätsanstieg, so daß an eine Regulation der Bürstensaumenzyme durch Nebennierenrinden-hormone gedacht werden muß (Moog, 1953; Moog und Thomas, 1955; Ross und Goldsmith, 1955; Halliday, 1959; Doell und Kretschmer, 1964; Doell *et al.*, 1965; Koldovsky *et al.*, 1965a, 1972; Koldovsky, 1969; Koldovsky und Sunshine, 1970; Moog *et al.*, 1971, 1973). Weitere Einwirkungen von Steroidhormonen scheinen möglich zu sein, da Cortisongabe z.B. die Riesenvacuolen im distalen Dünndarm-epithel vorzeitig zum Verschwinden bringt (Clark, 1959, 1971; Daniels *et al.*, 1973a, b).

Die Postnatalzeit endet mit dem Abstillen der Rattensäuglinge am Ende der 3. Lebenswoche und ist vom Untergang der vacuolenhaltigen Saumzellen begleitet (Clark, 1959, 1965, 1971; Anderson, 1963; Clarke und Hardy, 1969a, b; Baintner und Veress, 1970; Peters, 1974). An ihre Stelle treten im unteren Intestinum typische reife Enterocyten (Toner, 1968; Trier, 1968).

Folgende Probleme der Entwicklung des Darmepithels sind noch weitgehend offen und werden von uns an Ratten und z.T. an Mäusen unter Verwendung histochemischer, mikrochemischer und elektronenmikroskopischer Methoden sowie experimentell bearbeitet. Die histochemisch dargestellten Enzyme sind ausschließlich Hydrolasen, und hier vor allem Glykosidasen, da ihre Nachweis-reaktionen besonders zuverlässig sind. Im Mittelpunkt werden dabei die *Lyso-somen* stehen, da sie im prä- und postnatalen Intestinalepithel wichtige, im ein-zelnen noch nicht ausreichend bekannte Aufgaben wahrnehmen.

1. Die cytologischen Vorgänge, die sich vor der Geburt bei der Umwandlung des mehrreihigen in das einschichtige Darmepithel abspielen. Wir wissen lediglich, daß Lysosomenvermehrung, Entstehung autophagischer Vacuolen und Epithel-umwandlung etwa gleichzeitig erfolgen (Behnke, 1963a, b; Hayward, 1967b; Vollrath, 1969).

2. Die Reaktion der Enterocyten des Neugeborenen auf die als Muttermilch aufgenommene Nahrung. Über die *Initialphase* der Nahrungsaufnahme liegen kaum Angaben vor, weil in den meisten Untersuchungen die postnatale Saum-zelle erst längere Zeit nach dem Beginn des Stillens bearbeitet wird. Für das proximale Dünndarmepithel existieren nur Hinweise von Graney (1968). Das Verhalten der Lysosomen ist ungeklärt. Für das distale Dünndarmepithel kann als gesichert gelten, daß sein Vacuolensystem erst nach der Aufnahme von Muttermilch in charakteristischer Weise auftritt (Graney, 1968; Cornell und Padykula, 1969) und für die Aufnahme von Muttermilchproteinen wichtig ist. Herkunft und Natur des Membrankomplexes, der das gesamte supranucleäre Saumzellencytoplasma ausfüllt und aus Riesenvacuolen mit darüber gelegenen Ansammlungen kommunizierender Tubuli besteht (Clark, 1959; Cornell und Padykula, 1969; Graney, 1964, 1965, 1968; Wissig und Graney, 1968), sind nur teilweise klar (Cornell und Padykula, 1969). Teile der Riesenvacuolen könnten angesichts ihres Reichtums an saurer Phosphatase und β-Glucuronidase zu den Lysosomen gehören (Vacek, 1964; Cornell und Padykula, 1969; Williams und Beck, 1969a; Gossrau, 1973b, d, e, f, g; Shervey, 1973). — Gründlicher wurden die *regionalen Unterschiede* zwischen dem proximalen und distalen Dünndarm während der Stillzeit bearbeitet. Es liegen zahlreiche Studien über den Protein-transport im distalen Dünndarm vor (Clark, 1959; Morris, 1965; Graney, 1964, 1968; Kraehenbühl *et al.*, 1967; Kraehenbühl und Campiche, 1969; Rodewald, 1970, 1973; Jones, 1972; Worthington und Graney, 1973a), an deren intra-epithelialer Aufnahme und vielleicht auch Durchschleusung durch die Entero-

cyten die Riesenvacuolen mit einem noch weitgehend unbekannten Mechanismus
beteiligt sein sollen (vgl. Brambell, 1958, 1966, 1970; Bamford, 1966; Morris,
1968; Wild, 1973). Dürftiger sind wir über die Fettpassage im proximalen Dünndarm nach dem Beginn des Stillens unterrichtet (Graney, 1968; Cornell und
Padykula, 1969; Vollrath, 1969). Über die Rolle der Lysosomen beim trans-
epithelialen Fettransport liegen keine Angaben vor. Außerdem soll proximal die
selektive Resorption von Antikörpern zur Immunisierung der Rattensäuglinge
während der ersten drei Lebenswochen erfolgen (Rodewald, 1970, 1973), wogegen
die Inkorporation von Immunglobulinen in die Saumzellen des distalen Dünndarms möglicherweise unspezifisch ist.

*3. Die Resorption von Bestandteilen der Muttermilch durch die Saumzellen in
den verschiedenen Zottenabschnitten.* Morphologische und funktionelle Differenzen
zwischen den einzelnen Zottenabschnitten werden bei den bisherigen Resorptions-
studien am postnatalen Darmepithel kaum berücksichtigt, obwohl als gesichert
gelten kann, daß die Saumzelle bei Rattensäuglingen ähnlich der im Intestinum
erwachsener Ratten auf ihrem Weg von der Krypte zur Zottenspitze mannig-
faltige Veränderungen erfährt (Padykula, 1962; Trier und Rubin, 1965; Toner,
1968; Lojda *et al.*, 1970; Josephson und Altmann, 1972; de Both *et al.*, 1974).
Insofern wissen wir weder etwas über die Entstehung des supranucleären Vacuolen-
systems noch über das Schicksal der Riesenvacuolen und über die Enterocytenmauserung (Leblond und Stevens, 1948; Hooper, 1956; O'Connor, 1966; Toner,
1968).

*4. Die Vorgänge, die sich bei der Umstellung von der Muttermilch auf Fremdnah-
rung in den Enterocyten abspielen.* Fest steht nur, daß um den 20. Lebenstag im distalen Dünndarm die großvacuoligen Saumzellen an den Zottenspitzen untergehen und
durch Enterocyten ersetzt werden, die aus den Krypten nachrücken und alle
Merkmale der Saumzellen erwachsener Tiere besitzen (Halliday, 1955b; Clark,
1959; Clarke und Hardy, 1969a, b; Williams und Beck, 1969a; Baintner und
Veress, 1970; Daniels *et al.*, 1973a, b; Shervey, 1973). Abzuklären ist, welche
Prozesse in den Enterocyten ablaufen, in denen Riesenvacuolen vorkommen,
die zur Resorption nicht länger nötig sind. Ebenso fehlen Angaben darüber,
wie die Saumzellen im proximalen Dünndarm auf das Abstillen reagieren.

5. Regulation des Darmepithels während der Entwicklung. Nach den vorliegenden
Befunden wird die Differenzierung der Saumzellen im Verlauf der Darmgenese in
erster Linie von der Nebennierenrinde beeinflußt. Histochemisch und biochemisch
wurde ihr Einfluß nach Glucocorticoid-Applikation besonders auf die alkalische
Phosphatase, Leucinaminopeptidase, Sucrase und Maltase im Bürstensaum des
oberen und mittleren Dünndarms untersucht (Moog, 1953, 1966, 1971; Koldovsky,
1969; Moog *et al.*, 1971, 1973). Außerdem wirken experimentell verabfolgte
Nebennierenhormone auf die Riesenlysosomen (Halliday, 1955a; Clark, 1959,
1971; Daniels *et al.*, 1973a, b). Den damit verbundenen morphologischen und
histochemischen Veränderungen in den Enterocyten wurde bislang im einzelnen
nicht nachgegangen. Darüber hinaus ist zu berücksichtigen, daß der Effekt
exogener Glucocorticoide immer an relativ hohe Konzentrationen gebunden und
daher zunächst unphysiologisch ist. Möglicherweise geben adrenalektomierte und
substituierte Rattensäuglinge (Koldovsky *et al.*, 1965a; Galand und Jacquot,
1970; Daniels und Hardy, 1972; Daniels *et al.*, 1973b) genauere Auskunft über
die pyhsiologische Bedeutung der Nebennierenrinde für die Intestinalentwicklung.
Andere endokrine Organe, die für die Regulation der Darmentwicklung in Frage

kommen, sind Schilddrüse und Hypophyse (Moog, 1962; Toner, 1968; Yeh und Moog, 1974). Die Bedeutung von Geschlechtshormonen für die Genese des Intestinalepithels ist praktisch offen (Moog und Thomas, 1955; Vollrath, 1969). Ferner ist zu untersuchen, welche Rolle der Nahrung bei der Regulation des postnatalen Darmepithels zufällt (Daniels, 1972).

Material und Methoden

Untersucht wurden 354 Ratten (Wistar) und 56 Mäuse (NMRI) beiderlei Geschlechtes zwischen dem 13. Embryonaltag (ET) und 35. Lebenstag (LT), 15 schwangere Ratten vom 3.—21. Trächtigkeitstag, 10 nichtgravide Rattenweibchen, die 1mal geworfen hatten (Gewicht ca. 250 g) und 10 männliche Ratten mit einem Gewicht von ca. 350 g. Alle Tiere stammten aus eigener Zucht. — *Bestimmung des Embryonalalters.* Die Paare wurden für 1 Nacht zusammengesetzt; der folgende Tag galt bei Nachweis von Spermien im morgendlichen Vaginalabstrich als 1. ET. — *Tierhaltung* bei künstlichem 12stündigen Licht-Dunkel-Wechsel, $22 \pm 2°$ C Stalltemperatur in Macrolon®-Käfigen mit Einstreu aus Hobelspänen, Leitungswasser sowie Altromin®-Standarddiät in Pellets ad libitum. — *Tötung* durch Dekapitation bis zum 10. LT ohne, danach in leichter Äthernarkose.

Darm. Für histochemische Untersuchungen wurden von Ratten und Mäusen bis zum 10. LT das gesamte Intestinum, ab 11. LT bei Ratten je ein Segment aus dem proximalen (Jejunum, je nach Alter 1—4 cm hinter dem Pylorus), mittleren (Jejunum-Ilium-Grenze; erkennbar am Farbwechsel von gelb nach grün) und distalen (Ilium, je nach Alter 1—3 cm vor dem Caecum) Dünndarm sowie aus dem Anfangs- und Endabschnitt des Colons verwendet. Der Abstand der untersuchten Darmabschnitte vom Pylorus bzw. Caecum wurde unter Berücksichtigung des Längenwachstums des Intestinums immer so gewählt, daß jeweils annähernd die gleichen Darmanteile bearbeitet wurden. Zur elektronenmikroskopischen, ultracytochemischen und mikrochemischen Untersuchung verwendeten wir nur proximalen und distalen Dünndarm. Regelmäßig mitbearbeitete Kontrollorgane waren bei den histochemischen Enzymreaktionen Leber, Niere und Pankreas.

1. Färberische Lichtmikroskopie

Hämalaun-Eosin (HE; Romeis, 1968; § 703) und Methylenblau in 0,1%iger wäßriger Lösung (1—2 min, Zimmertemperatur) an frischen unfixierten, formol-fixierten, gefriergetrockneten oder an Kryostatschnitten von stückfixiertem Gewebe (s.u.).

2. Lichtmikroskopische Histochemie

Gewebevorbehandlung. Stückfixierung (vgl. Gossrau, 1973 c) längsgeöffneter oder uneröffneter Darmsegmente sowie von Nieren-, Leber- und Pankreasblöckchen (Kantenlänge ca. 3 mm) in 5,7% Formol-Ca oder 2,5% Glutaraldehyd (6—24 Std, 4° C), spülen in Holtschem Gemisch (10—24 Std, 4° C) und einfrieren auf einem Objekthalter in N_2-gekühltem Propan (Winckler, 1970a); Herstellung von Kryostatschnitten (System Dittes-Duspiva, 10 μm; —20 bis —30° C), Montage auf albuminisierten Objektträgern und Aufbewahrung in verschlossenen Küvetten für maximal 2 Std im Kryostaten oder in einer Tiefkühltruhe bei —50° C oder Auffangen in A. dest., physiologischer NaCl- oder Ringerlösung zur flottierenden Inkubation. Zusätzlich wurde ein Teil der Schnitte nach der Montage mit einem Celloidinfilm überzogen (s.u.). Weiterhin wurden Kryostatschnitte von frischem (in N_2-Propan eingefrorenem) Gewebe unfixiert verwendet oder solche, die entweder 10 min in Formol-Ca (s.o., danach 10 min fließend wässern, spülen in A. dest. und trocknen mit kalter Föhnluft) fixiert oder im Kryostaten in Lyophilisierrohren (Gossrau, 1972a) oder mit kommerziellen Gefriertrockenapparaturen (Pearse-Speedivac Model 1, Leybold-Heraeus GT 001; Winckler, 1970b; vgl. Gossrau, 1971) gefriergetrocknet waren. Die Montage der gefriergetrockneten Schnitte erfolgte mit 0,5 oder 1% Celloidin (Chroma; Chang und Hori, 1961; Winckler, 1970c).

Nachweise. Fett mit Sudanschwarz B (Romeis, 1968; § 1055) nach Stückfixierung in Formol oder an Formol-Ca nachfixierten frischen Kryostatschnitten. *Kohlenhydrate* mit der Perjodsäure-Schiff-Reaktion (PAS; Romeis, 1968; § 1120) an gefriergetrockneten Kryostatschnitten mit und ohne Paraformaldehydbedampfung (Winckler, 1970c) oder nach Stückfixation in Formol. *Glykosidasen:* N-Acetyl-β-glucosaminidase (N-A-Gase) mit Naphthol-AS-BI-N-acetyl-β-glucosaminid nach Hayashi (1965) modifiziert nach Gossrau (1973e) und mit dem entsprechenden Galactosaminid nach Gossrau (1972b, 1973e); saure β-Galactosidase (β-Gal) nach Lojda (1970b) und Gossrau (1973c, f); α-Galactosidase (α-Gal) und α-Mannosidase (α-Man) nach Gossrau (1973d); β-Glucuronidase (β-Glu) nach Hayashi *et al.* (1964) modifiziert nach Lojda (1971) und Gossrau (1973d), Lactase (Lac) nach Lojda (1970a) mit 4-Cl-5-Br-3-Indolyl-β-glucosid, -fucosid und -galactosid und Gossrau (1973a) mit 1- und 2-Naphthyl-β-glucosid und -galactosid als Substraten; α-Glucosidase (α-Glu) nach Gossrau (1974d); Maltase (Mal) nach Lojda (1965) und Gossrau (1974d) mit 2-Naphthyl-α-glucosid; Xylosidase nach Gossrau (1974d) mit 6-Br-2-Naphthyl-β-xylosid; α-Fucosidase nach Gossrau (1974d) mit 2-Naphthyl-α-fucosid. *Carboxylesterasen:* unspezifische Esterase (uE) nach Davis (1958). *Aminosäure-Naphthylamidasen* (NA) nach Nachlas *et al.* (1957) mit D, L-α-Alanin-, L-Alanin-, L-Arginin-, L-Leucin-2-naphthylamid als Substraten (Serva) sowie nach Monis *et al.* (1965) mit L-Leucin-4-methoxy-2-naphthylamid (Serva). Simultankuppler war bei allen Naphthylamidase-Nachweisen Fast Blue B reinst (Serva). *Phosphatasen:* saure Phosphatase (sP) nach Burstone (1958b) modifiziert nach Barka und Anderson (1962) mit Naphthol-AS-BI- (Sigma) und Naphthol-AS-TR-phosphat (Nutritional Company) sowie nach Gomori (1956) mit β-Glycerophosphat (Merck) oder Cytidinmonophosphat (10 mM; Serva); alkalische Phosphatase (aP) nach Gomori (1939) mit β-Glycerophosphat (siehe sP) und nach Burstone (1958a) mit Naphthol-AS-TR-phosphat (siehe sP) und Fast Blue B (Serva); Adenosintriphosphatase (ATPase) nach Wachstein und Meisel (1957) sowie Padykula und Herrman (1955) mit Adenosintriphosphat (ATP; Boehringer); 5′-Nucleotidase (AMPase, pH 5 und 7) nach Wachstein und Meisel (1957) mit Adenosinmonophosphat (AMP; Boehringer) und Muskeladenylsäure (Serva); Glucose-6-phosphatase (G6Pase) nach Chiquoine (1953) modifiziert nach Wachstein und Meisel (1958) mit Glucose-6-phosphat (G6P; Boehringer); Thiaminpyrophosphatase (TPPase) nach Novikoff und Goldfischer (1961) mit Cocarboxylase (TPP; Merck); weiterhin Untersuchung jeder nach dem Gomori-Prinzip dargestellten Phosphatase mit äquimolaren Konzentrationen der Substrate, die zum Nachweis der übrigen Phosphatasen dienen, z.B. die sP mit äquimolarem ATP, AMP, TPP und G6P oder die ATPase mit äquimolarem β-Glycerophosphat, AMP, TPP oder G6P.

Inkubationen. Für die Metallsalzmethoden meist flottierend in Blockschälchen, sonst aufgezogen in feuchten Plexiglaskammern für 5—120 min bei 37° C; danach abgießen des Mediums, spülen in A. dest. und eindecken in Glycerin-Gelatine oder nach Entwässerung über eine Alkoholreihe in Entellan (Merck). Bei den Naphthol-AS-Reaktionen wurde jedoch nach der Inkubation zur Stabilisierung des Azofarbstoffs für 30 min bis 12 Std in Formol-Ca (s.o.) bei Zimmertemperatur nachfixiert. Bei den Metallsalzverfahren standen die Gefäße mit dem Medium mit Parafilm verschlossen vor der Inkubation 30 min bei 37° C im Brutschrank, wurden anschließend durch ein doppeltes hartes Filter gegeben und sofort verwendet. Ferner Inkubation mit semipermeablen Membranen (Lojda, 1972, 1973; Meijer, 1972; Gossrau, 1973d, e).

Spezifitätskontrollen. Inkubation ohne Substrat und Bebrütung hitzeinaktivierter flottierender und aufgezogener Schnitte (10 min einbringen in 80° C warmes Wasserbad, spülen in A. dest. und trocknen der Schnitte durch Zimmerluft oder Föhn). Außerdem *Hemmteste:* N-A-Gase mit 5 mM N-Acetylglucosaminolacton oder -galactosaminolacton (vgl. Gossrau, 1972b), β-Glu mit 0,1—10 mM Saccharolacton, α-Gal mit 10 mM Galactose, α-Man mit 100 mM Mannonolacton (vgl. Gossrau, 1973d), β-Gal mit 1 mM p-Chlormercuribenzoesäure (pCMB; vgl. Lojda, 1970b; Gossrau, 1973c), Lac mit 5 mM Galactono-, Glucono- und Fuconolacton (Koch-Light) sowie Phlorizin (Lojda, 1970a; Gossrau, 1973b), uE u.a. auch zur Abgrenzung gegen ggf. mitreagierende Peptidasen mit 0,05 und 0,0005 mM E600 (Bayer). Alle Inhibitoren wurden dem Medium jeweils direkt zugesetzt (Simultanhemmung). Demgegenüber erfolgte die Enzymhemmung zum Spezifitätsnachweis bei den Phosphatasen zusätzlich vor der Inkubation im Inhibitor-Puffer-Gemisch entweder flottierend oder aufgezogen (30 min bis 24 Std; 37° C oder Zimmertemperatur). Zur Differenzierung der Phosphatasen wurden folgende Hemmer benutzt: 0,001—1 M Cystein, L-Phenylalanin (Serva), Fluorid, Cyanid (Merck), 1 mM pCMB (Roth). Bei allen angegebenen Molaritäten handelt es sich um Endkonzentrationen. Bezugsfirmen sind nur genannt, soweit sie in der zitierten Literatur nicht aufgeführt oder mit der angegebenen Literatur nicht übereinstimmen.

Fluorescenzmikroskopie. Gefriertrocknung von Kryostatschnitten (s.o.), anschließend Bedampfung mit Paraformaldehyd für 60 min oder länger bei Zimmertemperatur; eindecken mit

Xylol; Untersuchung der Schnitte mit Zeiss-Universalmikroskop mit Fluorescenzeinrichtung. Dunkelfeldkondensor, Quecksilberhöchstdrucklampe HBO 200 W. Erregerfilter II, Sperrfilter 50.

3. Mikrochemie

Für die α-Gal, β-Glu, N-A-Gase und β-Gal wurden zunächst in Homogenaten (Technik s. Gossrau, 1973d) des gesamten Darms 6 Tage alter Rattensäuglinge ihre pH-Optima und Michaelis-Konstanten (K_m) fluorometrisch nach der Methode von Lineweaver und Burk (1934) mit dem jeweiligen 1-Naphthylglykosid ermittelt. Die eigentliche Enzymbestimmung (Technik s. Gossrau, 1973c) erfolgte an sorgfältig von der Lamina propria abgelösten oder davon mit Injektionskanülen gesäuberten und anschließend gepoolten Enterocyten (Trockengewicht der Gesamtprobe 1—1,5 µg) aus dem mittleren und oberen Zottenbereich des proximalen und distalen Intestinums (s.o.).

Inkubationsmedien. β-*Galactosidase* (vgl. Asp und Dahlquist, 1971) mit 6 mM 1-Naphthyl-β-galactosid (Merck-Schuchardt, Koch-Light; 1 mg gelöst in 40 µl NN-Dimethylformamid) in 0,1 M Citratpuffer, pH 4,0 mit und ohne pCMB (s.o.; Lösung nach Nordström *et al.*, 1969) zur Abgrenzung gegen die Lactase. *N-Acetyl-β-glucosaminidase* (vgl. Verity *et al.*, 1967) mit 8 mM 1-Naphthyl-N-acetyl-β-glucosaminid (Serva; Lösung s. β-Gal) in 0.1 M Citratpuffer, pH 4,5. α-*Galactosidase* mit 10 mM 1-Naphthyl-α-galactosid (Koch-Light; Lösung s. β-Gal) in 0,1 M Citratpuffer, pH 5,0. β-*Glucuronidase* (vgl. Verity *et al.*, 1964) mit 12 mM 1-Naphthyl-β-glucuronid (Koch-Light; Lösung s. β-Gal) in 0.1 M Acetatpuffer, pH 4.5 und 5. Alle Ansätze wurden mit und ohne 0,05% Rinderserumalbumin (Merck-Schuchardt, Ortho) verwendet. — Das Inkubationsvolumen betrug 10 oder 20 µl, die Inkubationszeit 60–120 min, die Inkubationstemperatur 25 und 37° C. — Standards: 4,5 und $9 \cdot 10^{-11}$ Mole/µl 1-Naphthol (Serva; Herstellung aus 100fach verdünnter 13,5 mM 1-Naphthol-Stammlösung in 0,05 N NaOH; Jongkind, 1970; die verdünnte Stammlösung wurde wöchentlich, die Vorratslösung monatlich erneuert und bei 4° C aufbewahrt).

Fluorometrische Messung der Enzymaktivität (Bestimmung des während der Reaktion gebildeten 1-Naphthols innerhalb von 10 min nach Alkalisierung der Proben; Udenfriend, 1962) mit Farrand-Ratio-Fluorometer (Primärfilter 363,5 nm, Nr. 3039-1; Sekundärfilter 464 nm, Nr. 604128; Schott) und Angabe in umgesetzten Substratmolen pro Std und kg Gewebstrockengewicht (MKH). — Alle Aktivitätsangaben entsprechen den Mittelwerten aus 5—10 Einzelmessungen je ET oder LT bei 5 verschiedenen Tieren. Für die Mittelwerte wurde jeweils die Standardabweichung bestimmt. Signifikanzberechnungen erfolgten mit dem t-Test nach Student.

4. Elektronenmikroskopie, Ultracytochemie (s. Geyer, 1973)

Fixierungen. Für die übliche Elektronenmikroskopie Immersionsfixierung von Darmstücken aus dem proximalen und distalen Intestinum (s.o.) in 1% OsO_4 (Roth) in 0,1 M Phosphatpuffer, pH 7,4 (3 Std, 4° C); danach spülen in 0,1 M Phosphatpuffer, pH 7,4 (15—30 min, 4° C); für die ultracytochemischen Enzymnachweise Stückfixierung mit 6,5% gereinigtem Glutaraldehyd (Fluka) in 0,1 M Cacodylatpuffer, pH 7,4 mit 7,5% Saccharose-Zusatz (Merck; 3 Std, 4° C); anschließend waschen der Darmblöckchen in 7,5% Saccharose (10 Std, 4° C).

Enzymnachweise. Anfertigung von 40—50 µm dicken Schnitten mit einem Tissue-Sectioner TC-2 (Sorvall) nach Einbettung der Gewebsstückchen in 7% wäßrigem Agar (Difco) bei 37° C. Inkubation bei 37° C für 15—90 min; Darstellung der alkalischen Phosphatase nach Hugon und Borgers (1966a), der sauren Phosphatase nach Ericsson und Trump (1964; Substrat bei beiden Reaktionen β-Glycerophosphat; Merck), der Lactase (vgl. Pugh, 1972a, b) mit 1,1 mM 4-Cl-5-Br-3-Indolyl-β-fucosid, -glucosid und -galactosid (Cyclo Chemicals; 1 mg gelöst in 0,1 ml NN-Dimethylformamid, Merck), 25 mM wasserfreiem Kupfersulfat (Merck) und jeweils 0,05 M Ferro- und Ferricyanid (Merck) in 0,1 M Natrium-Citrat, pH 5,5 und der sauren β-Galactosidase modifiziert nach Pugh (1972b). — Nach der Inkubation spülen für 1—2 min in 2% Essigsäure mit 7,5% Saccharose zur Unterbrechung der Enzymreaktion, anschließend waschen in reiner Saccharose gleicher Konzentration und Nachfixierung in 2% OsO_4 (s.o.) mit 7,5% Saccharose (30 min, Zimmertemperatur). In allen Fällen Dehydrierung über Äthanol, Einbettung in Durcupan® (Fluka); Herstellung von Ultradünnschnitten mit einem Porter-Blum-Mikrotom. Doppelkontrastierung mit Uranylacetat und Bleicitrat oder Untersuchung unkontrastierter Schnitte. Elektronenmikroskop: Zeiss EM 9A.

5. Experimente

1. *Cortisongaben an unbehandelte Tiere.* Rattensäuglinge vom 1. (gestillt und ungestillt), 5., 10. und 15. LT sowie schwangere Ratten vom 13.—21. Trächtigkeitstag erhielten Injektionen von 0,05—0,4 mg Cortison (Ciba, Kristallsuspension) pro g Körpergewicht über 1—3 Tage in die Bauchhöhle (i.p.), unter die Rückenhaut (s.c.) oder peroral (p.o.) über Magenschlauch (s. unter 8.). Untersuchung nach 1—12 Tagen. 2. *Adrenalektomie* 10, 15 und 20 Tage alter Ratten in Äthernarkose mit und ohne Substitution durch 1malige Cortisongabe; Konzentration und Applikation des Cortisons s.o. und Untersuchung zwischen dem 4.—15. Tag nach dem Eingriff. 3. *Adrenalektomie und Kastration* 10, 15 und 20 Tage alter Rattensäuglinge; Alter und Untersuchungstage s. unter 2. 4. *Ovarektomie bzw. Orchiektomie* bei 10, 15 und 21 Tage alten Ratten mit und ohne Substitution mit Progynon bzw. Testosteron (Schering); bis zum 8. Tag nach dem Eingriff tgl. (Dosis s. unter 5.), danach durch Gabe der gleichen Dosis in 2- oder 3tägigem Abstand. Untersuchung nach 1, 2, 3 und 8 Wochen nach der Kastration. 5. *Gabe von Geschlechtshormonen.* Am 5., 10. und 15. LT unter die Rückenhaut Injektionen von 0,005 mg Progynon B oder 0,01 mg Testoviron pro g Körpergewicht über 1—3 Tage. Untersuchung 5—10 Tage später. 6. *Vorzeitiges Abstillen* von Säuglingen am 14. und 15. LT durch Trennung von der Mutter und statt dessen 3mal tägliche Fütterung mit aufgeschwemmtem Altromin (s.o.). Nach 4—5 Tagen wurden die Tiere entweder untersucht oder zur Mutter zurückgesetzt. 7. *Karenz* bei Neugeborenen (ungestillt und gestillt) sowie Rattensäuglingen vom 2., 5., 10., 15., 18., 19., 20., 21. und 22. LT über 1—72 Std. Anschließend sofort Tötung der Tiere oder 24 Std später nach erneuter Milchzufuhr. 8. *Fütterungsversuche.* Bei ungestillten Neugeborenen sowie bei Ratten vom 5., 10. und 15. LT Fütterung von 0,2—1 ml 5% (Clark, 1959) Saccharose, Lactose, Glucose, Maltose, Mannose, Cellobiose, Melezitose, Melibiose, Trehalose (Serva), Albumin (Schuchardt), außerdem von A. dest., Blut erwachsener Tiere und Tusche (Wagner; v.Möllendorf, 1925) mit und ohne vorherige Karenz von 3—4 Std über Polyäthylenschlauch, der bis in den Magen vorgeschoben wurde; Untersuchung 3—4 Std nach Applikation. Weiterhin erhielten Säuglinge vom 10. LT zusätzlich zur normalen Muttermilch 5—8 Tage 1 ml 5% Saccharose. — *Kontrollen.* Bei den operativen Eingriffen Scheinoperationen und bei den Injektionen Applikation gleicher Volumina A. dest. oder physiologischer NaCl-Lösung; weiterhin Bestimmung des Gewichtsverlaufes.

Befunde

1. Entwicklung

a) Pränatalzeit

α) *Morphologie*

Lichtmikroskopie. Am 13. und 14. ET ist der gesamte Darm von einem einfachen hochprismatischen Epithel ausgekleidet. Das Cytoplasma der Saumzellen ist basophil und färbt sich homogen an. Die Kerne liegen im basalen und mittleren Zelldrittel und sind rund bis längsoval. Das Darmlumen ist schlitzförmig. Am 15. und 16. ET teilen sich die primitiven Enterocyten häufiger als vorher, so daß das Epithel stellenweise 2-reihig erscheint. Am 17. und 18. ET wird es infolge noch höherer Mitosetätigkeit 4—6reihig. Das Darmlumen hat sich beträchtlich erweitert. Gleichzeitig beginnt proximal die Zottenbildung (vgl. Vollrath, 1969). Mit Verdickung des Epithels (16. ET) lassen sich durch Methylenblau, die PAS-Reaktion und Hämalaun zunächst in den lumennahen (oberflächlichen), ab 17. ET auch in den etwas darunter gelegenen Epithelzellen des Dünndarms Granula anfärben, die vorwiegend im apikalen Cytoplasma lokalisiert sind. Ferner kommen mit Ausnahme der basalen Zellagen überall im Epithel granulahaltige Zellgruppen vor, die sich von den benachbarten Epithelzellen ablösen, untergehen und z.T. ins Darmlumen gelangen. Hierdurch entstehen in den mittleren Epithellagen am 17. und 18. ET granulierte oder optisch leere Vacuolen und an der Epitheloberfläche Einbuchtungen (Abb. 1), und damit mesenchymfreie primitive Zotten

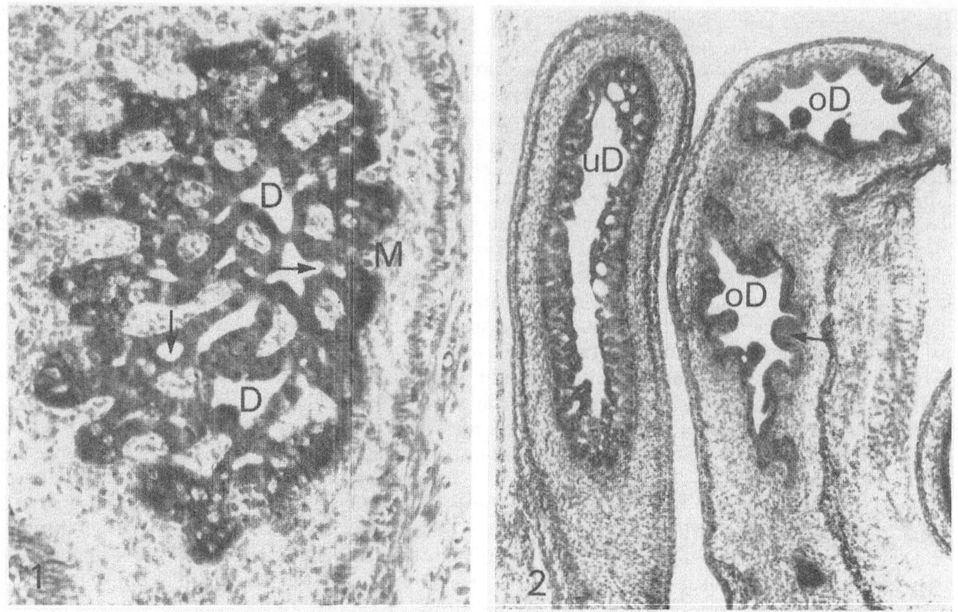

Abb. 1. Rattenfetus, 18. ET, oberer Dünndarm, Methylenblau. Durch Zellzerfall im mehrreihigen Epithel treten Vacuolen und Einbuchtungen (Pfeile) auf. Manchmal sproßt schon von basal Mesenchym (*M*) ein. *D* Darmlumen. Objektiv 10×

Abb. 2. Rattenfetus, 19. ET, Methylenblau. Im oberen Dünndarm (*oD*) existieren bereits mesenchymhaltige vacuolenfreie Sekundärzotten (Pfeile), überzogen von einem 1—2schichtigen Epithel; im unteren (*uD*) ist das Epithel noch mehrreihig, von vielen Vacuolen durchsetzt und mesenchymfrei. Objektiv 4×

(Primärzotten; Vollrath, 1969). Am 19. ET existieren durch Einsprossen von gefäßhaltigem Mesenchym im oberen Dünndarm kurze plumpe Zotten (Sekundärzotten) mit einem meist 1-, seltener 2schichtigen Epithel; im unteren Dünndarm beginnt die Zottenbildung etwas später (Abb. 2). Intraepitheliale Vacuolen und Epitheluntergänge haben stark abgenommen, ebenso die Mitosen. Sie beschränken sich in dieser Zeit weitgehend auf das basale Zottendrittel. Neu treten Becherzellen auf. Während der letzten zwei Tage vor der Geburt werden die Zotten länger und schmaler, Krypten beginnen sich aufzubilden; die Becherzellen haben zugenommen. Kleinere Vacuolen sind nur noch im Epithel der zukünftigen Kryptengebiete erhalten. Jetzt treten auch im apikalen Cytoplasma 1schichtiger Epithelien methylenblau- und PAS-positive Granulaansammlungen auf, die in distalen Darmabschnitten reichlicher als in proximalen zu finden sind.

Elektronenmikroskopisch sehen wir erstmalig am 15. ET in unmittelbarer Nähe des basalen Plasmalemms im Cytoplasma der äußersten Lage der Epithelzellen *Lysosomen*. Es handelt sich um einzelne oder in Gruppen zusammengelegene polymorphe — überwiegend jedoch schlauch- und hantelförmige sowie rundovale osmiophile Verdichtungszonen, die von einer einfachen oder Doppelmembran umgeben sind. Sie enthalten sP und β-Gal. Benachbart liegen Membranen des rauhen (reR) und glatten endoplasmatischen Reticulums (geR), dessen Enden oft kolbig aufgetrieben sind, einen osmiophilen Inhalt haben und sich offenbar abschnüren können. Paranucleär sind nur gelegentlich einzelne Lysosomen oder

14

kurze Lysosomenketten anzutreffen. Oberhalb des Zellkerns kommt ein schwach entwickeltes Golgi-Feld und wenig reR vor.

An den folgenden Tagen nimmt mit der Epithelverdickung die Zahl der basalmembrannahen Lysosomen etwas zu; ferner trifft man sie in den mittleren und lumennahen Epithellagen paranucleär und apikal im Cytoplasma an. Mit dem Auftreten der ersten Zotten (19. ET) und der Ausbildung von Krypten wird die intracellulär verschiedene Lokalisation besonders deutlich. Am Zottengrund liegen die Lysosomen ausschließlich basal. In dem Maße, in dem die Zellen nach oben rücken, treten Lysosomen auch paranucleär und schließlich supranucleär in den Epithelzellen auf, wo sie im mittleren und oberen Zottendrittel regelrechte Haufen bilden. Vielleicht handelt es sich dabei um Lysosomenwanderungen, obgleich offenbar ab 17. ET die Bildung von Lysosomen auch in den oberen Zellabschnitten vorübergehend möglich ist. Nach der Umwandlung des mehrreihigen in 1schichtiges Saumepithel am 19. ET sieht man, daß Lysosomen hauptsächlich im basalen Cytoplasma der Enterocyten entstehen und dann nach apikal verlagert werden. Am 20. und vor allem am 21. ET hat parallel zur Verlängerung der Zotten in den Saumzellen die Lysosomenzahl eindrucksvoll zugenommen. Sie ist im proximalen Dünndarm jedoch geringer als im distalen, in dessen Enterocyten die Lysosomen vor der Geburt einen Großteil des supranucleären Cytoplasmas ausfüllen. Größe, Gestalt und Inhalt der Lysosomen in diesen beiden Darmabschnitten unterscheiden sich dann ebenfalls; allerdings nur in den Enterocyten des mittleren und oberen Zottendrittels. Im Cytoplasma der Enterocyten des oberen Dünndarms wirken sie insgesamt homogen, sind vergleichsweise klein, rund bis länglich-oval, locker angeordnet sowie einheitlich elektronendicht und verfügen nur hier und da über blasige Aufhellungen. Demgegenüber bilden die Lysosomen distal supranucleär gelegene, heterogen gebaute, eng gepackte Komplexe. Manchmal sind sie von wenigen Mitochondrien, Cisternen des eR und freien Ribosomen durchsetzt. Die großen Lysosomen entstehen z.T. durch Fusion. Sie erscheinen blasig aufgetrieben und bis auf wenig elektronendichtes Material leer, oder haben eine dunkle granulierte Matrix (Abb. 3). Überall im Dünndarmepithel bestehen zwar enge räumliche Beziehungen zwischen Lysosomen und geR oder reR, aber praktisch keine zum Golgi-Apparat.

Synchron zur Verlagerung der Lysosomen vom basalen in das apikale Saumzellencytoplasma laufen am 20. und 21. ET auch an der Oberfläche der Enterocyten wichtige Prozesse ab. Mit zunehmender Entfernung vom Kryptengrund vermehren und verlängern sich unter gleichzeitiger Aufrichtung die Mikrovilli; ferner nehmen zottenspitzenwärts reR und geR, Mikropinocytosebläschen und schlauchförmige Einstülpungen (Pinocytose) des apikalen Plasmalemms sowie Vesikel und Tubuli zu, die im folgenden als „inframikrovilläres Membransystem" bezeichnet werden (Abb. 3). Sie bilden gemeinsam mit den Cisternen des eR in der Hauptsache ein oberhalb der Lysosomen gelegenes polymorphes Bläschenfeld. Eine Unterscheidung zwischen den Schläuchen, die vom Plasmalemm abstammen und denen des eR, erlaubt ein feiner Granulabesatz; er ist allein an der Innenfläche der Derivate der äußeren Zellmembran anzutreffen.

Außer den geschilderten Lysosomen finden sich im lumennahen Cytoplasma des Darmepithels ab 13. ET Vesikel, z.T. in Reihenstellung schräg oder senkrecht zum apikalen Plasmalemm angeordnet. Nur in unmittelbarer Nähe der Zellmembran ist ihr Durchmesser relativ konstant. Andere dieser Bläschen sind wie multivesikuläre Körperchen von einer gemeinsamen Membran umgeben, unter-

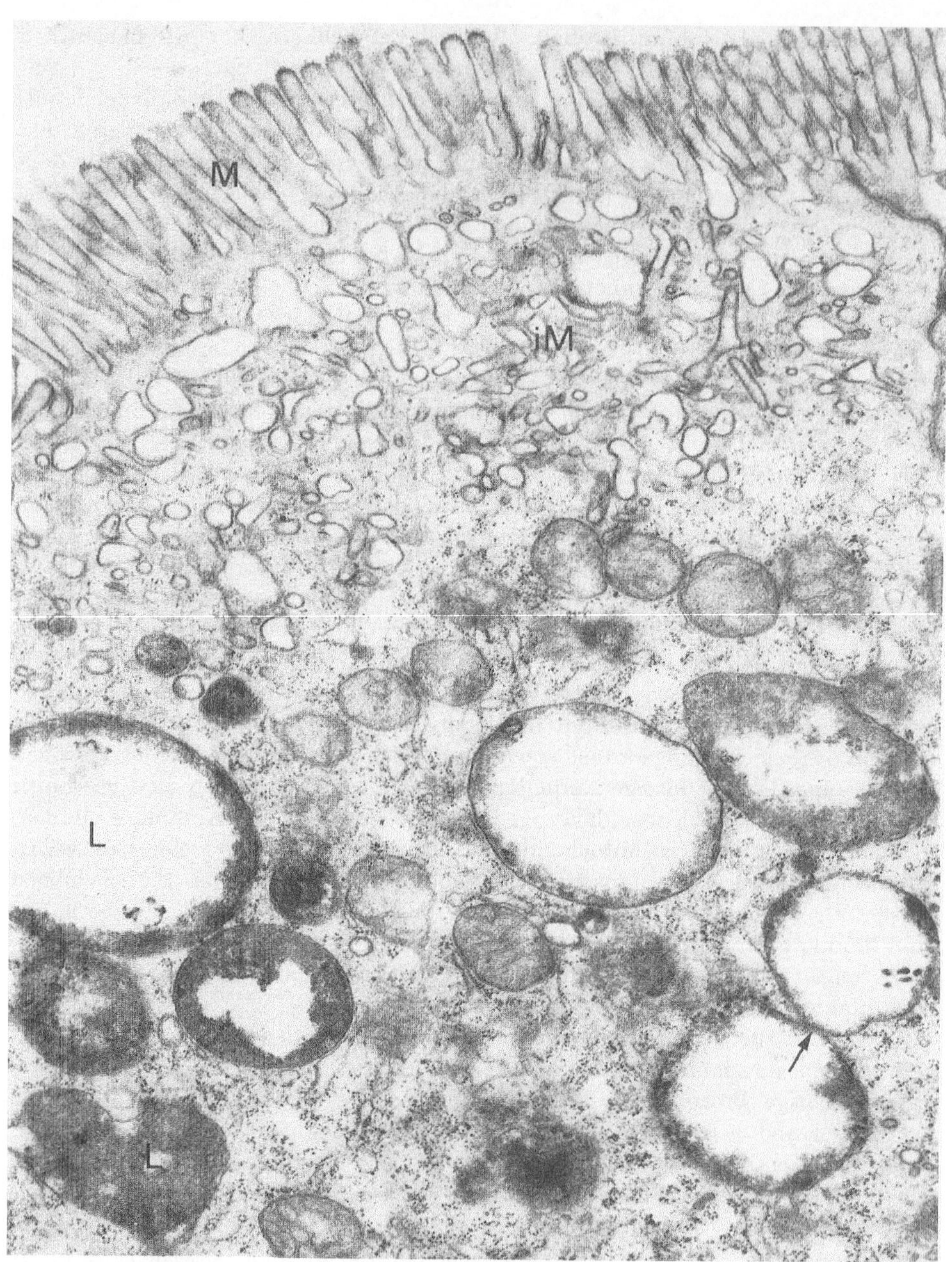

Abb. 3. Rattenfetus, 21. ET, unterer Dünndarm. Verglichen mit den Enterocyten des oberen Intestinums verfügen die des distalen über große, unterschiedlich elektronendichte, teilweise sich unmittelbar berührende (Pfeil) Lysosomen (L) und über ein gut ausgebildetes inframikrovilläres Membransystem (iM), das häufig mit dem Darmlumen kommuniziert. M Mikrovilli. 21 000 ×

scheiden sich aber von ihnen durch den uneinheitlichen Vesikeldurchmesser. Mitunter liegen sie eng benachbart und berühren sich; Fusion scheint möglich zu sein. Der Nachweis der sP und β-Gal fällt in ihnen negativ aus. Mit fort-

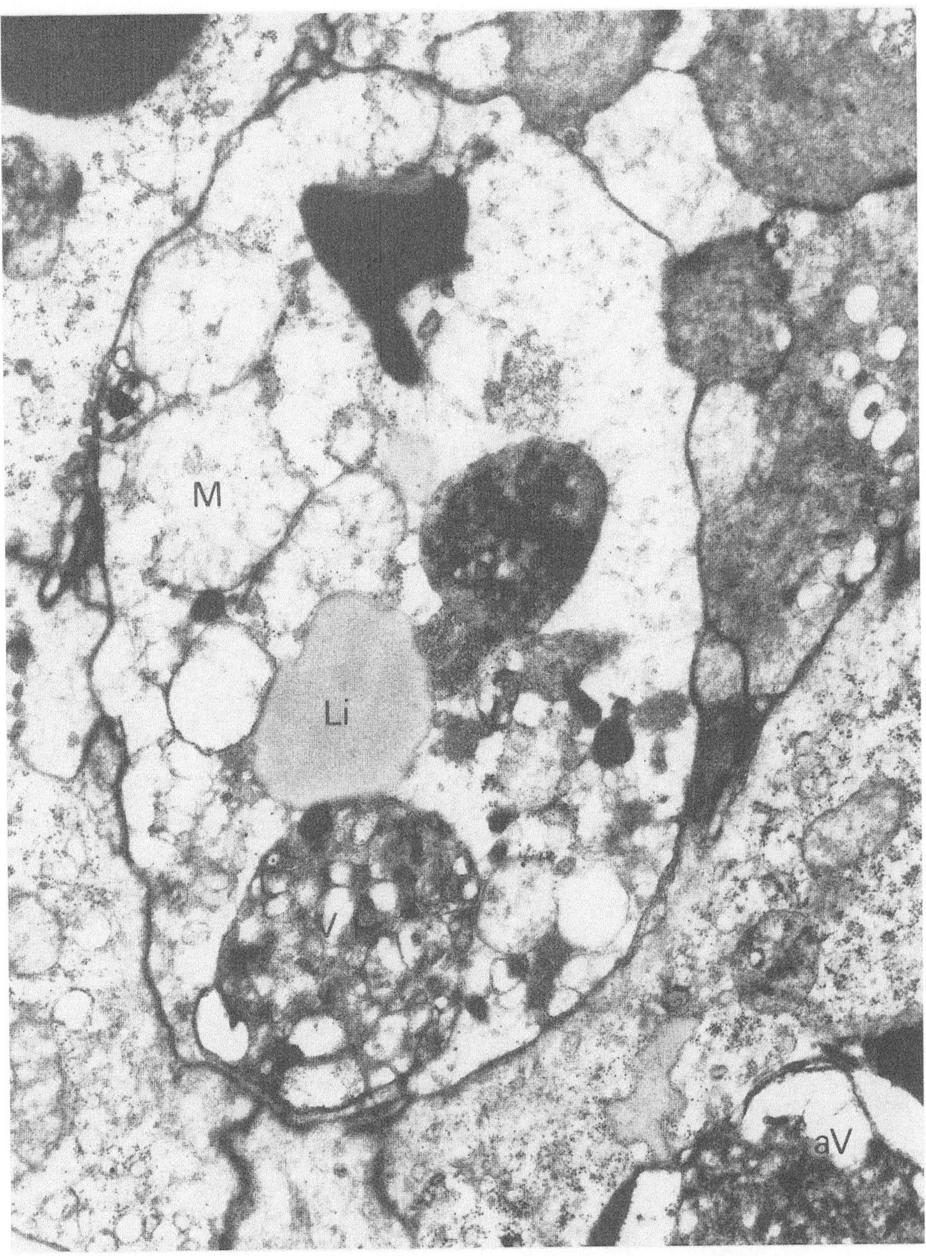

Abb. 4. Rattenfetus, 18. ET, oberer Dünndarm. Autophagische Vacuole, die u.a. gequollene Mitochondrien (*M*), Lipidtropfen (*Li*) und Vacuolen (*V*) mit Vesikeln enthält. *aV* in Nachbarzelle gelegene autophagische Vacuolen. 21 000 ×

schreitender Pränatalzeit nimmt die Zahl dieser bläschenhaltigen Vacuolen zu und erreicht am 17. oder 18. ET in den inneren und mittleren Zellschichten des mehrreihigen Epithels ihr Maximum; in den basal gelegenen Epithelzellen fehlen die Vacuolen immer. Der Vacuoleninhalt besteht jetzt häufig aus Cytoplasma-

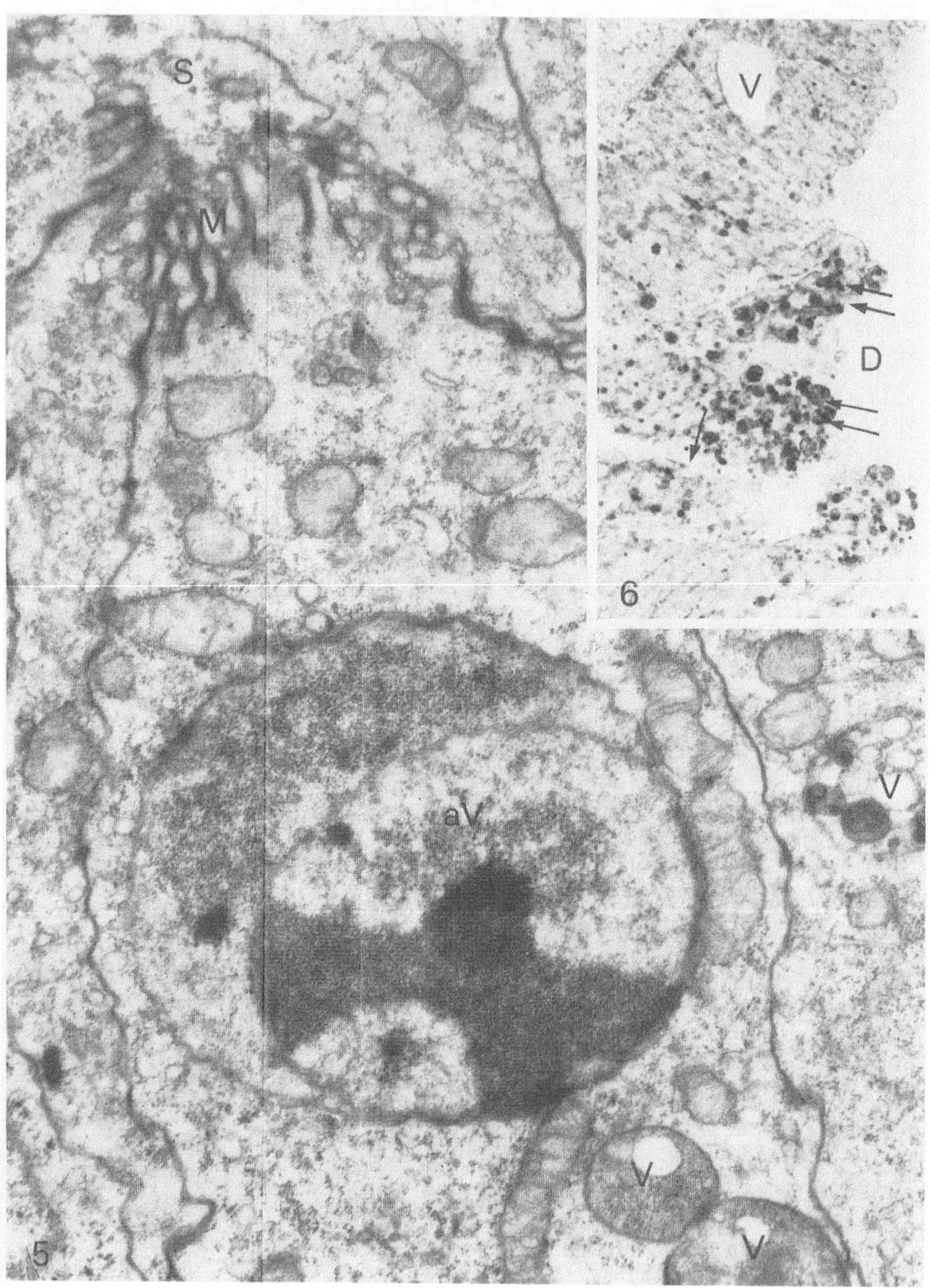

Abb. 5—6. Rattenfetus, 19. ET, unterer Dünndarm. Abb. 5: Autophagische Vacuole (*aV*) in einer Epithelzelle, die an Spalt (*S*) grenzt und hier Mikrovilli (*M*) ausbildet. *V* Vorläufer autophagischer Vacuolen. 21000×. Abb. 6: Saure Phosphatase mit Naphthol-AS-TR-phosphat. In lumennahen und tiefer gelegenen sowie an Spalten grenzenden Epithelzellen (Pfeil) reagiert das Enzym in autophagischen Vacuolen positiv. Apikal (Doppelpfeile) zerfallen die Epithelzellen kurze Zeit später und gelangen ins Darmlumen (*D*). *V* interepitheliale Vacuole als Folge untergegangener Epithelzellen. Objektiv 40 ×

bestandteilen, z.B. Ribosomen, Membranen des Golgi-Apparates, Mitochondrien-
bruchstücken, myelinartigen Figuren, kleinsten und aufgetriebenen größeren
Bläschen sowie dichten Körnchenfeldern oder osmiophilem Material. Die vesikelhaltigen Vacuolen können auch mit intraepithelial gelegenen autophagischen
Riesenvacuolen (Autolysosomen; Abb. 4) verschmelzen oder bilden ihren Inhalt.
Autolysosomen treten lumennahe ab 16. ET dort im Darmepithel auf, wo es
mehrreihig ist und in ihm vom Darmlumen her Spalten entstehen (Abb. 5).
Später findet man autophagische Vacuolen auch in den mittleren, nicht aber
den basalmembrannahen Epithellagen. Die großen dürften den lichtmikroskopisch
granulierten oder leeren Blasen entsprechen (gleicher Durchmesser). Viele enthalten sP und β-Gal (Abb. 6). Am zahlreichsten sind die autophagischen Vacuolen
um den 18. ET. Sie füllen entweder einzeln oder zu mehreren praktisch das
gesamte Cytoplasma aus. Lediglich für den Zellkern der primitiven Enterocyten
wird noch etwas Platz ausgespart. Andere Saumzellen erscheinen kernlos und
sind völlig zu autophagischen Vacuolen umgewandelt. Eine einfache oder doppelte
Membran hüllt sie ein. Ihr heterogener Inhalt besteht vor allem aus Lipidtropfen,
Kern- und Mitochondrienresten, eR, freien Ribosomen, verschieden großen und
elektronendichten Bläschen, osmiophilen granulierten runden bis keilförmigen
Aggregationen und lamellierten Körpern. Letztere werden auch von Behnke
(1963 b) in autophagischen Vacuolen beschrieben und als ihr mögliches End-
stadium angesehen. In unserem Material zerfallen die Vacuolen überall im mehrreihigen Epithel, wobei ihre Membran einreißt, der Vacuoleninhalt sich auflöst
und je nach Lage der ehemaligen Autolysosomen entweder ins Darmlumen gelangt
oder von intakten Epithelzellen umgeben ist.

Am 19. oder 20. ET sind die autophagischen Prozesse im proximalen Dünndarm stark, im distalen weniger deutlich zurückgegangen. Spätestens einen Tag
vor der Geburt hat sich das Darmepithel von diesen Riesenblasen befreit und
ist überall einschichtig geworden.

β) Histochemie

Im folgenden kommt es darauf an, den frühestmöglichen Zeitpunkt des Auftretens der
jeweiligen histochemischen Enzymreaktionen und ihre genaue Lokalisation im Darmepithel
zu erfassen. Dabei sind die jeweils angewandten Methoden ausschlaggebend.

Es hat sich nämlich gezeigt (vgl. Gossrau, 1973 b), daß hier die Gewebevorbehandlung eine
wichtige Rolle spielt. So sind z.B. bei Fixation in Glutaraldehyd die lysosomalen und mikrovillären Glykosidasen im Vergleich mit Formol und Gefriertrocknung unabhängig von der
gewählten Nachweisreaktion 1—2 Tage später darstellbar (vgl. Abb. 30, 31). Um unsere Befunde miteinander vergleichen zu können, gelten alle Angaben über das erste Auftreten eines
Enzyms und seiner Aktivität für gefriergetrocknete celloidin-montierte Kryostatschnitte oder
für formol-fixiertes Material. Befunde zur intracellulären Lokalisation wurden auch an
glutaraldehyd-fixiertem Gewebe erhoben. Außerdem geben wir die jeweils benutzten Substrate an, weil auch sie den Reaktionsausfall wesentlich beeinflussen.

15. ET. Von den vor der Geburt untersuchten Glykosidasen, Naphthylamidasen und Phosphatasen läßt sich als erstes Enzym die saure β-Gal im Epithel
des gesamten Darms nachweisen; und zwar kann sie mit der Indigogen-Methode
nach Lojda (1970 b) und Indolyl-β-galactosid am 15. ET in den kleinen Lysosomen des infranucleären Cytoplasmas direkt oberhalb der Basalmembran aller
Epithelzellen dargestellt werden (Abb. 7). Mit Indolyl-β-fucosid als Substrat fällt
die Reaktion in den Lysosomen des Darmepithels erstmalig am 16., mit 1-Naph-
thyl-β-galactosid am 20. oder 21. ET und mit dem Naphthol-AS-Verfahren ab
3. LT positiv aus.

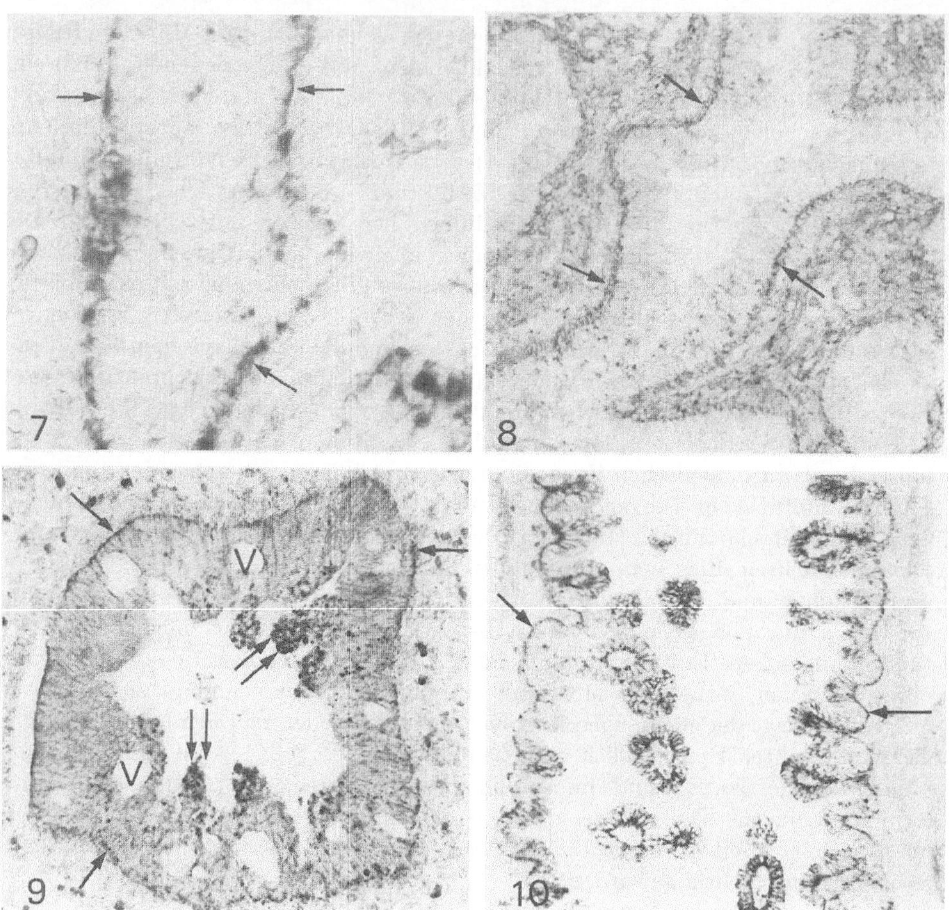

Abb. 7—10. Rattenfeten, oberer Dünndarm. Abb. 7: 15. ET, saure β-Galactosidase mit 4-Cl-5-Br-3-Indolyl-β-galactosid. Ablagerung des Reaktionsproduktes Indigo in der basalen Epithelschicht (Pfeile). Das restliche Epithel besitzt praktisch keine aktive β-Galactosidase. Objektiv 10×. Abb. 8: 16. ET, saure Phosphatase. Die Reaktion beschränkt sich auf Lysosomen im basalen Cytoplasma der äußersten Epithellage (Pfeile). Objektiv 10×. Abb. 9: 17. ET. Außer in der basalen Epithelschicht (Pfeile) reagiert die β-Glucuronidase in autophagischen Vacuolen lumennaher und darunter gelegener Epithelzellen (Doppelpfeile). *V* optisch leere Vacuolen, die von bereits untergegangenen Epithelzellen herrühren. Objektiv 10×. Abb. 10: 20. ET. In primitiven Sekundärvilli kommt die N-Acetyl-β-glucosaminidase an der Zottenbasis (Pfeile) ausschließlich in den Lysosomen des basalen Saumzellencytoplasmas, zottenspitzenwärts auch para- und supranucleär mit steigender Aktivität vor. Objektiv 4×

Am 16. ET treten mit simultaner Azokupplung und Naphthol-AS-Verbindungen oder 1-Naphthylderivaten als Substraten die sP (Abb. 8) und N-A-Gase intralysosomal basalmembran-nahe in den Epithelzellen auf. Die β-Glu wird hier am 16. ET lediglich mit dem Naphthol-AS-BI-β-glucuronid erfaßt. Das Schwermetall-Verfahren zur Darstellung der sP mit den Substraten Cytidinmono- und β-Glycerophosphat liefert erstmalig am 17. bzw. 18., die Azokupplungstechnik mit 1-Naphthyl-β-glucuronid im Fall der β-Glu am 19. ET einwandfrei positive Resultate. Zusätzlich können geringe Mengen Reaktionsprodukt bei allen ge-

20

nannten Hydrolasen-Nachweisen stellenweise auch oberhalb der Basalmembran im para- und supranucleären Cytoplasma der primitiven Enterocyten vorkommen. Immer reagiert die β-Gal am stärksten, gefolgt von der N-A-Gase und sP. Diese Reihenfolge in der Enzymaktivität trifft auch für die anschließende Prä- und Postnatalentwicklung des Darmepithels zu.

Am 17. ET tritt intralysosomal die α-Gal im Darmepithel auf. Dabei konzentrieren sich inzwischen sämtliche bisher nachweisbaren lysosomalen Glykosidasen und die sP auf 2 Stellen im mehrreihigen Epithel: Einmal liegt das Reaktionsprodukt im basalen Cytoplasma der äußersten Epithelschicht. An dieser Stelle befinden sich die Lysosomen, aus denen unmittelbar nach der Geburt die ersten Riesenlysosomen hervorgehen. Zum anderen fällt die Reaktion dort positiv aus, wo lumennahe oder tiefer im Epithel Zellen untergehen (Abb. 9). Hier beobachten wir häufig bei allen Hydrolasen-Nachweisen positiv reagierende Gruppen von Lysosomen, von denen manche bis zu 10 µm messen oder größere Lysosomenrasen. — In den Mikrovilli des proximalen und mittleren Dünndarms kommen am 17. ET die aP und ATPase sowie Lac mit 1-Naphthyl-β-glucosid und Indolyl-β-fucosid, Mal mit 2-Naphthyl-α-glucosid und NA mit L-Leucyl-4-methoxy-2-naphthylamid als Substraten in insgesamt schwacher Aktivität vor.

Verglichen untereinander reagiert die Lac mit dem Fucosid als spezifischem Substratrest am intensivsten, gefolgt vom Glucosid. Am langsamsten wird 1-Naphthyl-β-glucosid im Bürstensaum hydrolysiert, während Zeichen einer Spaltung des entsprechenden β-Galactosids völlig fehlen. Ebensowenig erfolgt am 17. ET eine Umsetzung von 6-Br-2-Naphthyl-α-glucosid durch die Mal. Die zum Nachweis der NA verwendeten unsubstituierten Verbindungen L-Leucin-, L-Arginin, D,L- und L-Alanin-2-naphthylamid werden zu diesem Zeitpunkt ebenso schnell wie die Methoxyverbindung hydrolysiert, erlauben aber infolge Diffusion des Azofarbstoffs im Gegensatz zum Methoxynaphthylamid (vgl. Abb. 33), keine exakte Bürstensaumlokalisation dieser Enzyme.

Am *18. ET* ähneln die Verteilungsmuster sämtlicher Hydrolasen denen des Vortages, jedoch ist die Aktivität der Enzyme in Lysosomen und Mikrovilli erhöht. Neu kann in den Lysosomen des Darmepithels die α-Man nachgewiesen werden.

Drei Tage vor der Geburt, am *19. ET*, hat sich das Bild an Orten, an denen im proximalen und distalen Dünndarm schon Villi aussprossen, erneut geändert: Im Gebiet kurzer plumper Zotten konzentrieren sich jetzt die hydrolase-positiven Lysosomen wieder weitgehend auf das basale Saumzellencytoplasma. Ihre Zahl gegenüber dem Vortag ist etwa gleich geblieben; die Aktivität allerdings höher.

Am *20. ET* erscheinen mit zuehmender Zottenlänge die glykosidase- und phosphatase-haltigen Lysosomen nur im unteren Zottendrittel an der Basalmembran, im mittleren und oberen Villusbereich aber mehr paranucleär und apikal. Gleichzeitig steigt spitzenwärts ihre Zahl an, so daß speziell die Epithelzellen der obersten Villuszone förmlich von hydrolase-positiven Lysosomen überschwemmt sein können. Neben diesen langen Zotten findet man im gleichen Darmsegment kürzere und an die vom 19. ET erinnernde Villi, die immer weniger reagierende Lysosomen aufweisen (Abb. 10). Ihre Vermehrung und Verlagerung beginnt offenbar erst dann, wenn die Zotten eine bestimmte Mindesthöhe erreicht haben. Die Reaktionsintensität sämtlicher lysosomaler Glykosidasen und Phosphatasen hat überall in Dünn- und Dickdarm, die der mikrovillären Hydrolasen bevorzugt im proximalen und mittleren Dünndarm eindrucksvoll zugenommen (Abb. 11—14).

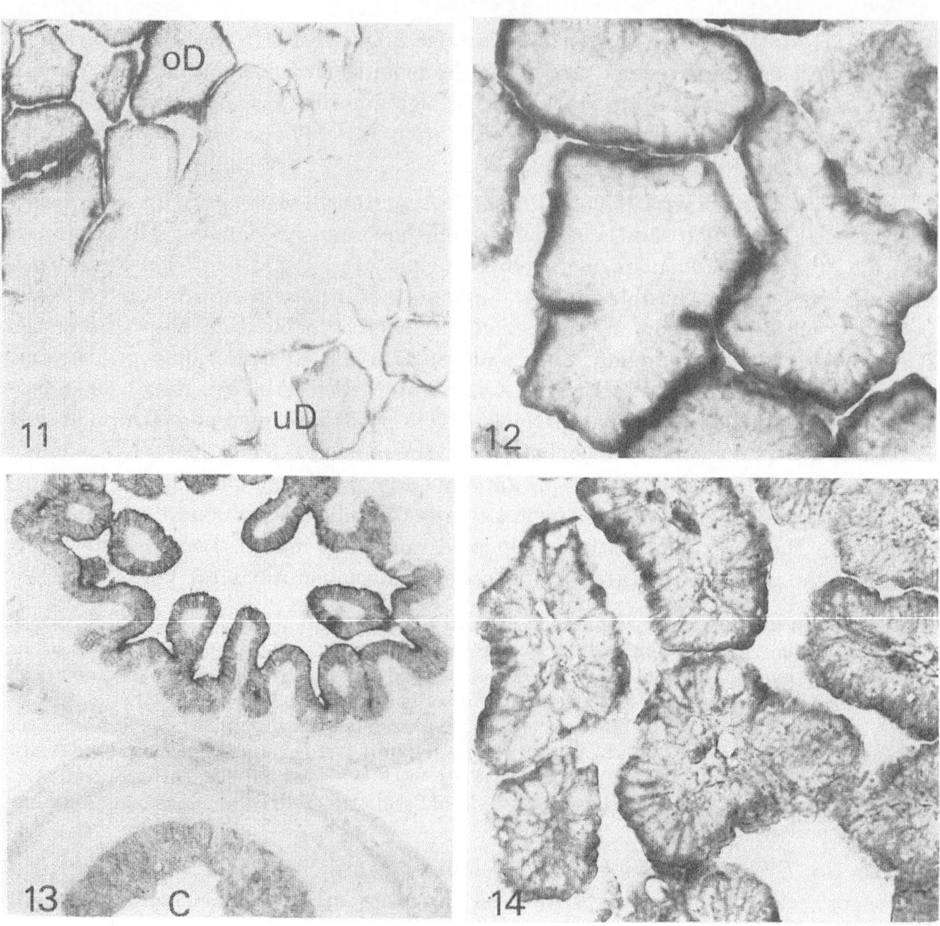

Abb. 11—14. Rattenfetus, 20. ET. Abb. 11: Die Lactase reagiert mit 4-Cl-5-Br-3-Indolyl-β-fucosid im Bürstensaum des oberen Dünndarms (oD) kräftiger als im unteren (uD). Objektiv 10×. Abb. 12: Mittlerer Dünndarm. Hohe Aktivität der Lactase mit 1-Naphthyl-β-glucosid im Bürstensaum. Objektiv 25×. Abb. 13: Mittlerer Dünndarm. Reaktion der Adenosintriphosphatase (pH 7,2) hauptsächlich im Bürstensaum; die laterale Enterocytenmembran kann mitreagieren. Da Krypten weitgehend fehlen, kommt das Enzym noch in allen Epithelzellen vor. C Colon. Objektiv 10×. Abb. 14: Oberer Dünndarm. Die Maltase reagiert mit 2-Naphthyl-α-glucosid im Vergleich zur Lactase und Adenosintriphosphatase im Bürstensaum schwach. Objektiv 25×

21. ET. Erstmalig machen sich Aktivitätsdifferenzen vor allem der lysosomalen Hydrolasen zwischen oberem und unterem Dünndarm sowie Dickdarm bemerkbar. Außerdem treten zahlenmäßige Unterschiede im Lysosomenbestand auf. Proximal kommen Gruppen kleiner und mäßig aktiver Lysosomen fast ausschließlich im apikalen Cytoplasma der Saumzellen vor (Abb. 15). Distal sind im lumennahen Epithelbereich die Lysosomen meist zahlreicher oder größer und reagieren stets wesentlich intensiver als proximal. Stellenweise füllen sie einen Großteil der oberen Hälfte der Epithelzellen aus (Abb. 16) und ähneln den postnatalen Riesenlysosomen (s. S. 37). Diese Lysosomen beschränken sich auf die Enterocyten des oberen und mittleren Zottendrittels. Das Epithel des basalen

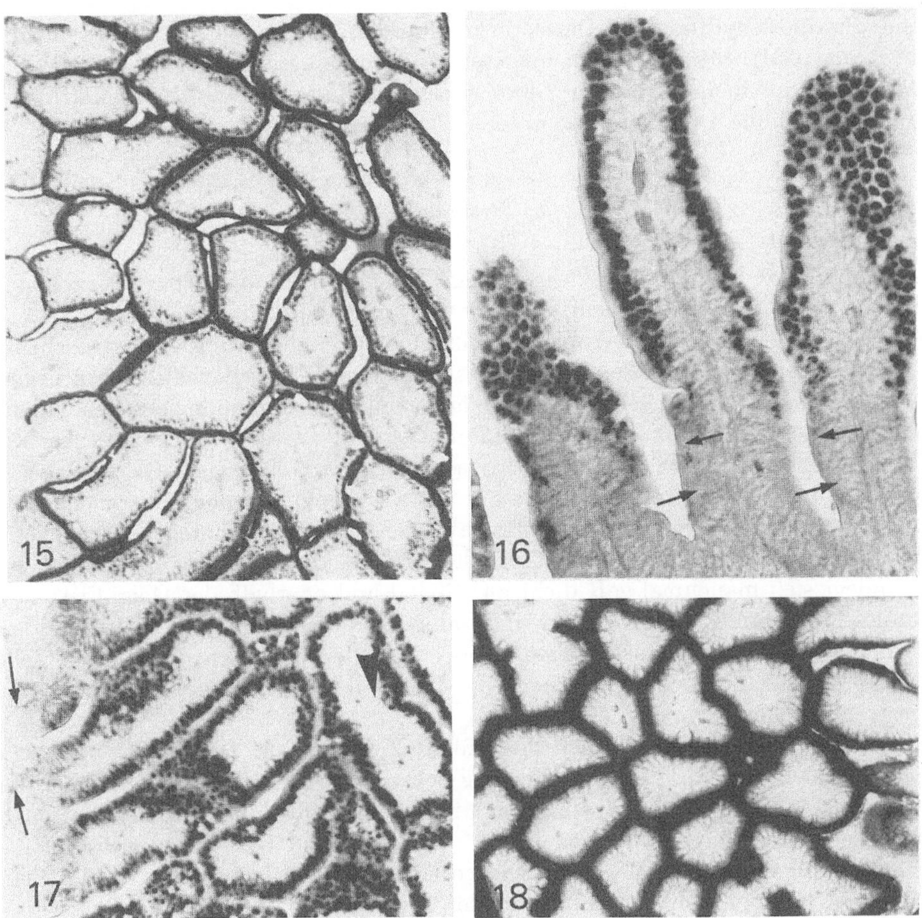

Abb. 15—18. Rattenfetus, 21. ET. Abb. 15: Oberer Dünndarm. Saure Phosphatase mit 1-Naphthylphosphat in mäßig aktiven kleinen Lysosomen des apikalen Saumzellencytoplasmas. Im Bürstensaum reagiert die alkalische Phosphatase mit. Objektiv 10×. Abb. 16: Unterer Dünndarm. Hochaktive N-Acetyl-β-glucosaminidase, deren Reaktionsausfall im oberen und mittleren Zottendrittel weitgehend dem in den postnatalen Riesenlysosomen entspricht. Im Epithel des unteren Villusdrittels (Pfeile) fehlen positive Lysosomen. Objektiv 25×. Abb. 17: Unterer Dünndarm. Mit der im Vergleich zum 1-Naphthol- und Naphthol-AS-Verfahren empfindlicheren Indigogen-Methode lassen sich beim Nachweis der β-Galactosidase auch im basalen Cytoplasma der Epithelzellen des unteren Zottendrittels wenige enzymhaltige Lysosomen darstellen (Pfeile). Objektiv 10×. Abb. 18: Oberer Dünndarm. Gegenüber dem Vortag hat die Lactase-Aktivität nochmals stark zugenommen. Objektiv 10×

Zottendrittels enthält nur wenige lichtmikroskopisch-histochemisch faßbare Lysosomen (Abb. 17). Im Dickdarmepithel konzentrieren sie sich ebenfalls auf das apikale Cytoplasma, kommen aber in sämtlichen Epithelzellen vor. — Vergleicht man die untersuchten Pränatalstadien, sind die lysosomalen Hydrolasen jetzt in allen Darmabschnitten am aktivsten. Gleiches gilt für die mikrovillären Glykosidasen (Abb. 18), Aminosäure-Naphthylamidasen und Phosphatasen. Unter den lysosomalen Enzymen sind die β-Gal, sP und N-A-Gase hochaktiv, mäßig intensiv die β-Glu und α-Gal, schwach reagiert die α-Man. Zusätzlich und allein in formol-

und glutaraldehydfixierten Darmstücken werden am 21. ET auch ATP, G6P, TPP und AMP intralysosomal umgesetzt. Außerdem reagieren mit beiden aP-Ansätzen unabhängig von der Gewebevorbehandlung nicht nur die Mikrovilli, sondern auch die Lysosomen im unteren Dünndarmepithel.

b) Postnatalzeit

α) Morphologie

1. LT. Vor Beginn des Stillens (wenige Minuten nach der Geburt) besteht im *proximalen Dünndarm* das Epithel der Zotten aus hochprismatischen Enterocyten. Der Kern liegt basal. Das Cytoplasma zeigt eine Zonengliederung. Apikal erscheint es im Gebiet des terminalen Netzwerkes eher homogen. Unterhalb davon liegen Ansammlungen von stellenweise mit dem Darmlumen kommunizierenden Tubuli und Vesikeln (inframikrovilläres Membransystem), zwischen denen gelegentlich Mitochondrien, freie Ribosomen und Lysosomen anzutreffen sind. Größere Gruppen von Lysosomen treten nur dort auf, wo sie als polymorphe elektronendichte Abschnürungen aus glatten endoplasmatischen Cisternen entstehen. Beiderseits vom oberen Kernpol sind gut entwickelte Golgi-Felder lokalisiert; lateral davon schmiegt sich manchmal geR dicht an. Medial und oberhalb der Golgi-Cisternen beobachtet man große Vacuolen und zahlreiche Bläschen. Infranucleär finden sich endoplasmatische Cisternen und Mitochondrien sowie an der basalen Zellmembran Mikropinocytosebläschen. — Zwischen den Enterocyten liegen eingestreut Becherzellen.

An den Zottenspitzen gehen massenhaft Zellen unter. Diese werden einzeln oder zu mehreren ausgestoßen. Erstes Zeichen der Mauserung sind plötzlich im Cytoplasma auftretende Aufhellungen, Mitochondrienquellungen und Dilatationen von Teilen des Golgi-Apparates und eR. Zellkerne und Lysosomen weisen keine Veränderungen auf. Die Mikrovilli sind vorerst erhalten oder zerfallen in Bläschen. Schließlich lösen sich die untergehenden Enterocyten von der Basalmembran und vom Plasmalemm noch funktionstüchtiger Nachbarzellen, zerfallen und gelangen portionsweise ins Darmlumen. Gelegentlich verbleiben basal Zellreste. Außerdem entstehen vorübergehend Lücken im Epithel (vgl. Abb. 27). Häufig gehen ganze Gruppen von Saumzellen zugrunde, und zwar besonders direkt unterhalb der Zottenspitze. Die abgestoßenen Zellen liegen auch noch im Darmlumen zusammen, zerfallen dann aber ebenfalls. Dabei können sich im Randbereich intraluminal gelegener Saumzellengruppen Löcher im Plasmalemm bilden, durch die hindurch sich Vesikel und Granula ins Lumen des Intestinums ergießen und mit der Oberfläche vitaler Enterocyten in Kontakt kommen. An anderer Stelle findet man im Darmlumen größere Blasen, die mit Cytoplasmabestandteilen, z.B. Mitochondrien, stark erweiterten Golgi-Derivaten, Cisternen des geR und reR sowie freien Ribosomen angefüllt sind, oder es entstehen riesige Vesikelfelder.

Distaler Dünndarm. Das Zottenepithel bietet ein anderes Bild als im proximalen Dünndarm. Dies gilt vor allem für den Organellenbestand. Die Lysosomen liegen supranucleär. Im unteren Zottendrittel bestehen sie aus vielen kleinen, dichten, meist rundlichen Körpern. In den Enterocyten des mittleren und oberen Zottendrittels sind die Lysosomen größer und bilden Ansammlungen, haben meistens engen Kontakt miteinander und konfluieren. Ihre Matrix ist an der Innenseite der Lysosomenmembran niedergeschlagen (Abb. 19). Seltener sind

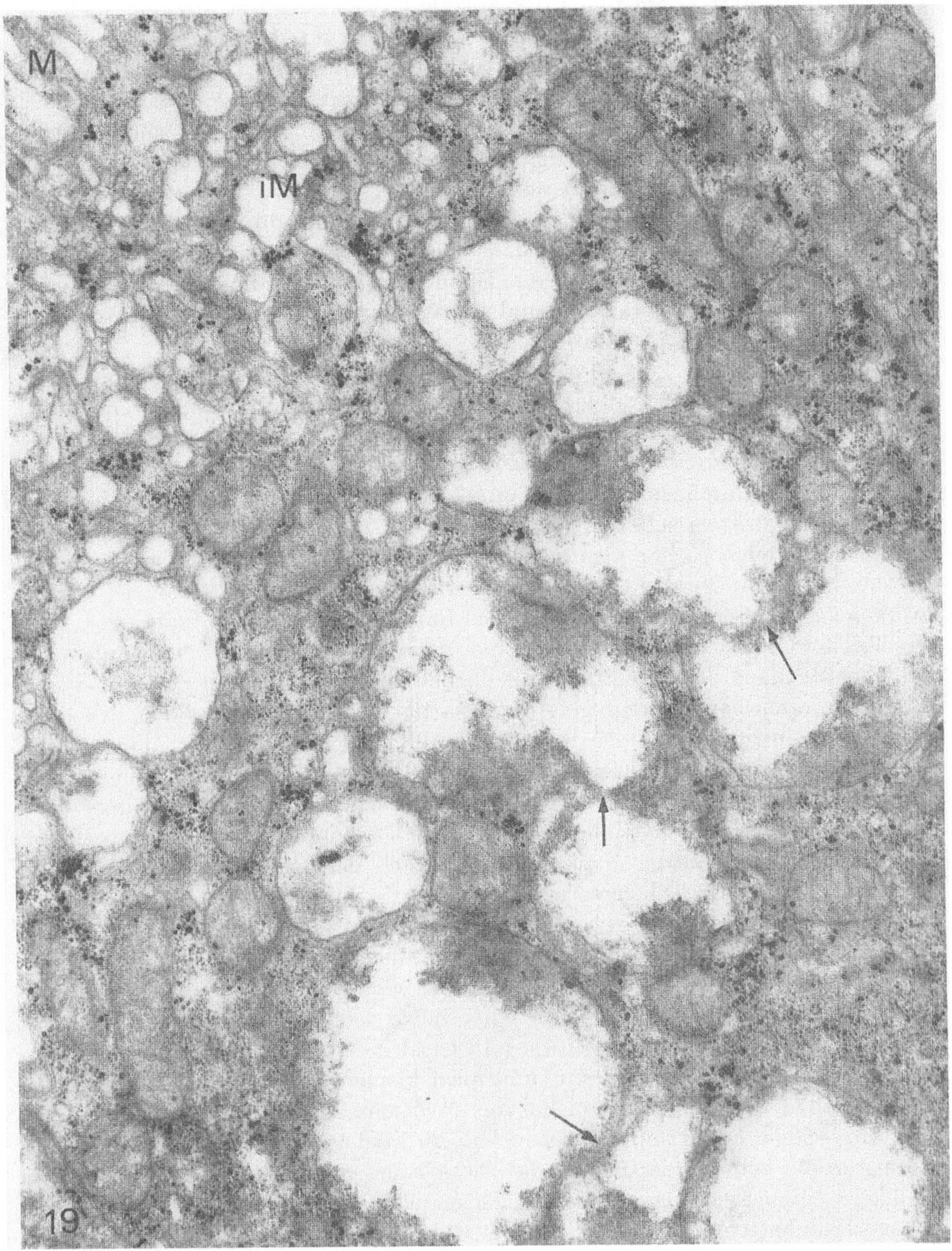

Abb. 19. Rattensäugling, 1. LT, unterer Dünndarm, Enterocyt aus dem mittleren Villusdrittel. Aggregation von Lysosomen mit Verschmelzungstendenzen (Pfeile) zur ersten Riesenlysosomengeneration. *M* Mikrovilli, *iM* inframikrovilläres Membransystem. 21000×

polymorphe, überwiegend elektronendichte Lysosomen, die über Myelinfiguren, Ribosomen, Vesikel und Organellenreste verfügen können. In den Zottenspitzen besitzen einige Enterocyten nahezu typische Riesenlysosomen (s. S. 31) mit randständiger Matrix. Sie füllen das apikale Cytoplasma fast aus und sind nur gelegentlich von einigen kleineren Lysosomen flankiert. In anderen Saumzellen hat keine völlige Verschmelzung stattgefunden. Hier sieht man Gruppen von 4—5 Lysosomen mit teilweise osmiophilem vesikulären oder granulären Inhalt. Dazwischen liegen Mitochondrien und eR. — Oberhalb der Lysosomenzone befinden sich zahlreiche an den Enden mitunter aufgetriebene Tubuli und Bläschen des inframikrovillären Membransystems; einige gehen ins Darmlumen über. Der Golgi-Apparat ist im Gegensatz zu den Enterocyten des proximalen Dünndarms im oberen und mittleren Zottendrittel überall klein. — Saumzellenuntergänge laufen ähnlich häufig wie im oberen Dünndarm ab. Allerdings beschränkt sich der Mauserungsprozeß praktisch auf Enterocyten an den Zottenspitzen und betrifft immer nur wenige Epithelzellen.

4 Std postnatal (ca. 30—40 min nach Beginn des Stillens). Makroskopisch hat sich der obere Dünndarm infolge der Milchaufnahme gelb gefärbt, während distal die Grünfärbung unverändert ist (v. Möllendorff, 1925). Cytologisch haben die Enterocyten des *proximalen Dünndarms* gegenüber der Vorzeit charakteristische Veränderungen durchgemacht. Im Cytoplasma der Saumzellen des mittleren und oberen Zottendrittels befinden sich inzwischen Unmengen diffus verteilter rund-ovaler Fetttröpfchen ohne klar erkennbare Membran, vom Cytoplasma lediglich durch eine dünne Verdichtungszone abgegrenzt. Die Zone des terminalen Netzwerkes ist praktisch fettfrei, ebenso das inframikrovilläre Membransystem und ein Teil der Cisternen des geR. Mikropinocytose bzw. Pinocytose nehmen nicht zu. In Richtung auf den Golgi-Apparat fließen die Fetttröpfchen zusammen und bilden supranucleär Fettaggregate unter partieller Auflösung der sie umgebenden Kondensationsringe. Die Golgi-Felder sind prall mit Fett gefüllt bzw. aufgetrieben. Para- und infranucleär sowie im lateralen und basalen Interstitium kommt Fett nur im Zottenspitzengebiet vor. Hier mausern sich die Saumzellen immer noch häufig, wodurch zunächst eingeschleustes Fett wieder ins Darmlumen gelangt.

Im distalen Dünndarm hat sich 4 Std nach der Geburt gegenüber vorher kaum etwas geändert. Sichere Zeichen einer Aufnahme von Muttermilchbestandteilen fehlen noch. Möglicherweise ist die Zahl der großen Lysosomen angestiegen und die ausgestoßener Enterocyten zurückgegangen.

8 Std postpartal haben die Saumzellen des *proximalen Intestinums* ihre Funktion voll aufgenommen. Innerhalb einer Zotte wechseln sich Enterocyten mit apikalen, paranucleär-basalen sowie rein basalen Fettansammlungen oft miteinander ab. Neben Saumzellen mit multiplen kleinen, solitären oder aggregierten Fetttröpfchen kommen jetzt solche vor, in denen Tröpfchen fast völlig fehlen. An ihrer Stelle liegen supranucleär (Abb. 20), neben oder unterhalb des Kerns wenige große Fetttropfen, die hier das Cytoplasma weitgehend ausfüllen und den Zellkern einbuchten. Dazu gesellen sich manchmal noch basale Zusammenlagerungen von Fetttröpfchen (Abb. 21). Der Golgi-Apparat dieser Enterocyten gleicht dem vor der Fettaufnahme und erscheint aufgetrieben leer. — Gelegentlich finden sich auch Saumzellen, die soviel Fett enthalten, daß der gesamte apikale Zellraum aus einer einzigen riesigen Fettblase besteht. Derartige Enterocyten erscheinen aufgetrieben; Kern und Organellen sind ganz nach peripher verdrängt. Die Saumzelle scheint förmlich an ihrem Fett zu ersticken bzw. droht zu platzen. Ihre Mikrovilli sind stets vermindert und kurz. Weiterhin existieren nun Fetttropfenansammlungen überall in den stark erweiterten Intercellularspalten und im Interstitium zwischen Basalmembran und Kapillaren der Lamina propria.

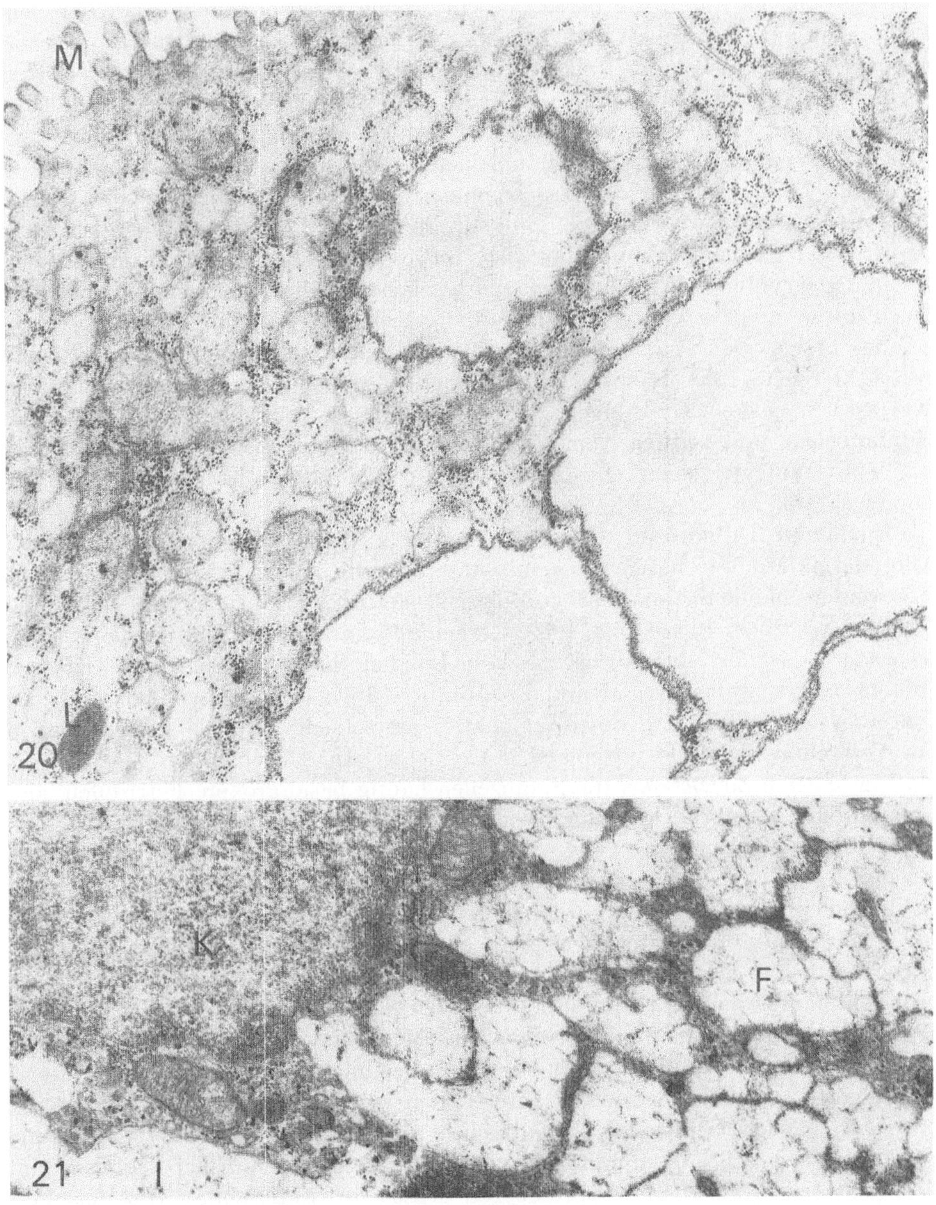

Abb. 20—21. Rattensäugling, 1. LT, oberer Dünndarm. Abb. 20: Zu Fettblasen konfluierte Fetttropfen im apikalen Cytoplasma einer Saumzelle, deren Mikrovilli (*M*) kürzer geworden sind und an Zahl abgenommen haben. *L* Lysosom. 21000×. Abb. 21: Basales Cytoplasma eines Enterocyten, der dem in Abb. 20 benachbart ist, mit aggregierten Fetttröpfchen (*F*), die auch in Intercellularspalten (*I*) vorkommen. *K* Zellkern. 21000×

Distal sind 8 Std nach der Geburt im Gegensatz zum Epithel des oberen Dünndarms in den Enterocyten des oberen und mittleren Zottendrittels immer noch keine einschneidenden Veränderungen zu beobachten, obwohl das Lumen inzwischen Muttermilch enthält. Nach wie vor zeichnet sich das apikale Saumzellencytoplasma durch die bereits beschriebenen Lysosomenfelder oder großen Lysosomen aus. Der Inhalt der großen Lysosomen erscheint jetzt netzig. Ferner haben sich die Tubuli und Vesikel des inframikrovillären Membransystems etwas vermehrt und teilweise zu größeren Vacuolen weiterentwickelt. Ebenso sind die Einstülpungen am Grund der Mikrovilli zahlreicher und länger geworden. — Erst 4 Std später (12 Std post partum) liefert die Untersuchung distaler Enterocyten das klassische Bild der resorbierenden postnatalen Saumzelle (u.a. Clark, 1959; Cornell und Padykula, 1969) mit supranucleären Riesenlysosomen (s. S. 31).

Ab 2. LT gleichen sich morphologisch im gesamten Dünndarm nur die Epithelzellen der Krypten weitgehend. Sie sind hochprismatisch, haben einen länglichen Kern sowie unregelmäßig angeordnete und verschieden geformte Mikrovilli wechselnder Länge. Das apikale Cytoplasma enthält Mitochondrien, wenig geR und reR, zahlreiche freie Ribosomen, Bläschen unklarer Genese, multivesikuläre Körperchen, kleine Lysosomen und mit Bläschen beladene größere Vesikel. Supranucleär und seitlich vom Kern liegen gut entwickelte Golgi-Felder mit z.T. blasig aufgetriebenen Cisternen, Vesikeln und Vacuolen, infranucleär Mitochondrien und eR.

Eindeutige Differenzen treten zwischen den Zotten des oberen und unteren Dünndarms auf. Sie hängen eng mit unterschiedlichen Funktionen zusammen. Es werden nämlich proximal größtenteils Fette der Muttermilch, distal die Proteine resorbiert (u.a. Clark, 1959; Cornell und Padykula, 1969). Im *proximalen Dünndarm* beginnt die Aufnahme von Lipiden direkt oberhalb der Krypte. Menge, Aggregationszustand und Lokalisation des Fettes weisen innerhalb der Enterocyten der gleichen Zotte regionale Unterschiede auf. Die Zotten können im Fettgehalt ebenfalls voneinander abweichen. Im einzelnen beobachten wir, daß im *unteren Zottendrittel* die Saumzellen häufig basal größere Fettropfen oder -blasen ohne Membran enthalten, während das apikale Cytoplasma nahezu fettfrei ist. Der supranucleäre Golgi-Apparat besteht hier meistens aus fettgefüllten Vacuolen, die auch neben dem Zellkern und infranucleär auftreten können. Ausschließlich in solchen apikal weitgehend von Fett befreiten Enterocyten sieht man neben mikropinocytotischen Bläschen immer coated vesicles und zwar als Abschnürungen der Zellmembran am Grund der Mikrovilli und des inframikrovillären Membransystems, im supranucleären Saumzellencytoplasma, lateral am Plasmalemm und mit ihm verschmolzen. Membranlose Fettröpfchenaggregate liegen in den dilatierten Intercellularspalten der mittleren sowie unteren Enterocytenhälfte, die sich basal in das Interstitium eröffnen. Im *mittleren Zottendrittel* überwiegen eher Saumzellen, die ubiquitär über wenige kleine Fettropfen und geringe interstitielle Ansammlungen von Fett verfügen. Das Golgi-Feld erscheint leer und erweitert. In den Enterocyten des *oberen Villusdrittels* tritt das Fett in groß- und kleintropfiger Form im apikalen und basalen Cytoplasma etwa in gleicher Menge auf. Ein Golgi-Apparat ist kaum abgrenzbar. Das meiste Fett besitzen in der Regel die Saumzellen der *Zottenspitze* (vgl. Abb. 28). Es füllt praktisch das gesamte Cytoplasma aus. Außerdem mausern sich hier Enterocyten (s. S. 26). Insgesamt gewinnt man den Eindruck, daß sich nicht alle Saumzellen einer Zotte in der gleichen Phase der Fettaufnahme und Fettdurchschleusung befinden.

Anders verhalten sich die Enterocyten des *distalen Dünndarms*. Im *oberen Kryptenbereich* (Reifungszone) findet man in den Saumzellen in enger Beziehung zum Golgi-Apparat einige rund-ovale kleinere Vacuolen mit homogener Matrix

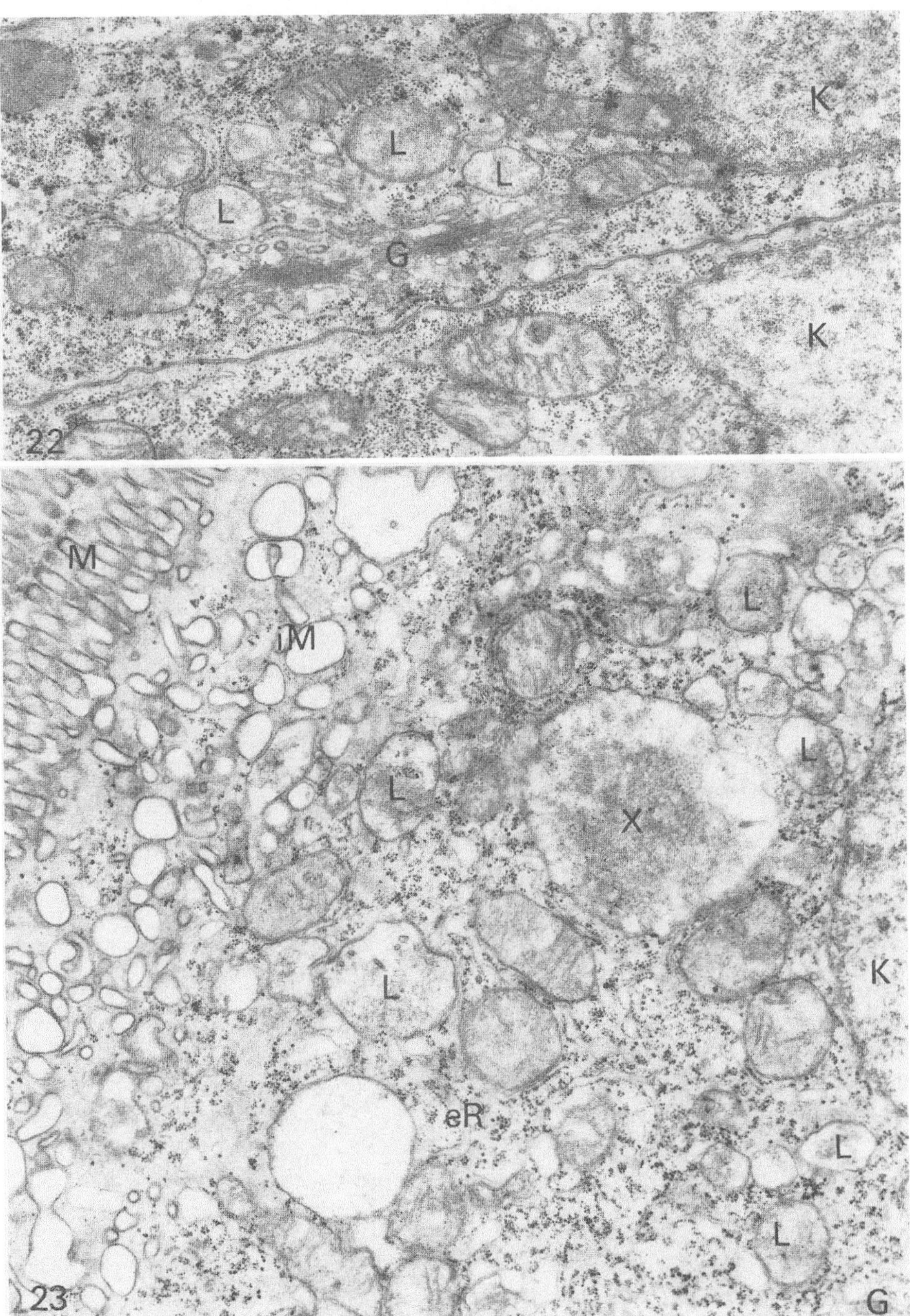

Abb. 22—23. Rattensäugling, 6. LT, unterer Dünndarm. Abb. 22: Epithelzelle im oberen Kryptenbereich mit supranucleärem Golgi-Apparat (*G*) und davon abgeschnürten primären Lysosomen (*L*), aus denen durch Konfluenz die zweite Riesenlysosomengeneration hervorgeht. *K* Zellkern. 21000×. Abb. 23: Saumzelle an der Krypten-Zottengrenze. Die primären Lysosomen (*L*) sind zahlreicher geworden und z.T. schon konfluiert (Kreuz). Außerdem hat sich das inframikrovilläre Membransystem (*iM*) weiter differenziert. *G* Golgi-Apparat, *K* Zellkern, *M* Mikrovilli, *eR* endoplasmatisches Reticulum. 21000×

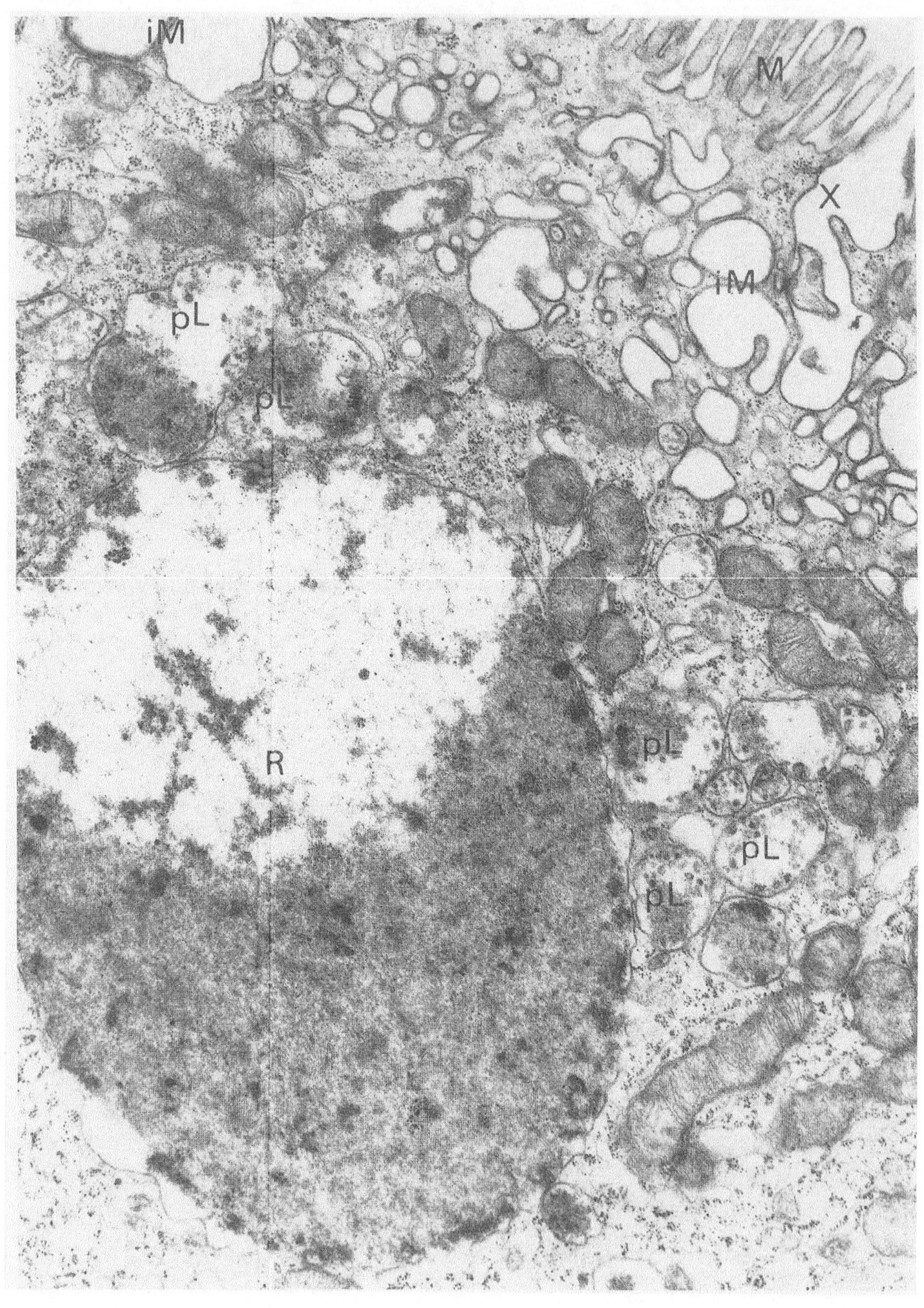

Abb. 24. Rattensäugling, 6. LT, unterer Dünndarm. Periphere Lysosomen (*pL*), die entweder untereinander oder mit dem entstehenden Riesenlysosom (*R*) konfluieren. Das inframikrovilläre Membransystem (*iM*) hat sich weiter vermehrt und kommuniziert an vielen Stellen (Kreuz) mit dem Darmlumen. *M* Mikrovilli. 21000×

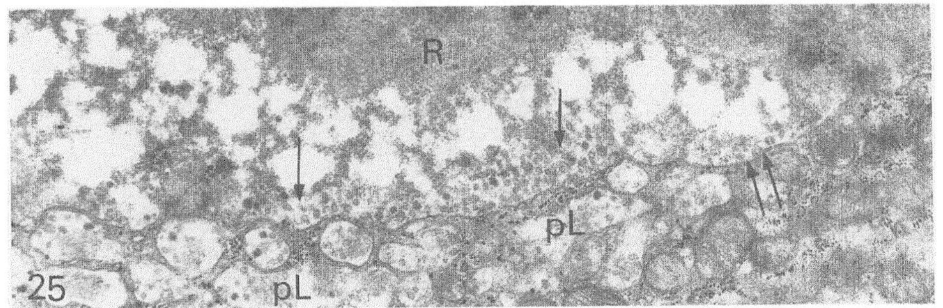

Abb. 25. Rattensäugling, 6. LT, unterer Dünndarm. Im mittleren Zottendrittel verschmelzen die vesikel- und granulahaltigen peripheren Lysosomen (*pL*) verstärkt mit dem Riesenlysosom (*R*), wodurch die Bläschen und Granula in seinen Innenraum gelangen und sich mit Bestandteilen der Muttermilch vermischen (Pfeile). Doppelpfeil Membran des Riesenlysosoms. 21 000 ×

(Abb. 22). Sie enthalten alle sP und β-Gal und sind Lysosomen. Aus ihnen gehen die Riesenlysosomen hervor (s.u.). In den gleichen Enterocyten stülpt sich an der Basis der Mikrovilli das apikale Plasmalemm ein und bildet Tubuli und Vesikel aus, wodurch das inframikrovilläre Membransystem entsteht; in ihm kann aP nachgewiesen werden. Den Membranen liegen innen stellenweise Granula an. Coated vesicles fehlen. Unmittelbar oberhalb in den Enterocyten der *Zottenbasis* konfluieren die kleinen Lysosomen zu wenigen größeren (Abb. 23). Das inframikrovilläre Membransystem vermehrt sich und tritt teilweise in Kontakt mit den Lysosomen, ohne jedoch damit zu verschmelzen. Im *unteren Zottendrittel* kommen in den Enterocyten außer dem bislang schon vorhandenen Lysosomentyp und dem Membransystem anderes sP- und β-Gal-positive (periphere) Lysosomen vor. Bevorzugt beobachtet man sie in der Nähe dilatierter Golgi-Säcke und endoplasmatischer Cisternen. Diese Lysosomen erscheinen schlauchförmig bis längsoval und sind mit Granula oder unscharf begrenzten Bläschen gefüllt. Sie umgeben allseits das oberhalb der Krypten im Zottenepithel entstehende Riesenlysosom, verschmelzen zunächst untereinander oder sofort mit ihm, das dadurch laufend größer wird (Abb. 24). Oberhalb der Grenze zwischen unterem und mittlerem Zottendrittel finden sich in allen Villi Enterocyten mit 1 etwa ovalem Riesenlysosom. Es ist praktisch allseits von peripheren Lysosomen umgeben und füllt zusammen mit dem hier maximal entfaltetem Membransystem das gesamte apikale Saumzellencytoplasma aus. Mitochondrien und eR sind an das laterale Plasmalemm gequetscht; der vom Riesenlysosom oben eingedellte und napfartig wirkende Kern ist nach basal gedrängt (vgl. Abb. 26). Im *mittleren Zottendrittel* führen weitere Konfluenzen zwischen peripheren und Riesenlysosom dazu, daß vermehrt Granula bzw. Vesikel in seinen Innenraum gelangen. Hierdurch sind direkt unter der Membran der Riesenlysosomen ganze Bläschen- und Granulafelder anzutreffen. Auch sie verfügen über saure Hydrolasen. Zur Mitte des Riesenlysosoms hin haben die Granula und Bläschen Kontakt mit seinem elektronendichten Inhalt — vermutlich Bestandteilen der Mutte milch — und lassen sich nicht länger nachweisen. Die Berührungszonen zwischen Bläschen bzw. Lysosomeninhalt erscheinen hell-netzig aufgelockert und umgeben den übrigen Inhalt der Lysosomen allseits oder teilweise (Abb. 25). Einige Saumzellen des mittleren Zottendrittels fallen durch Riesenlysosomen mit überwiegend hell-

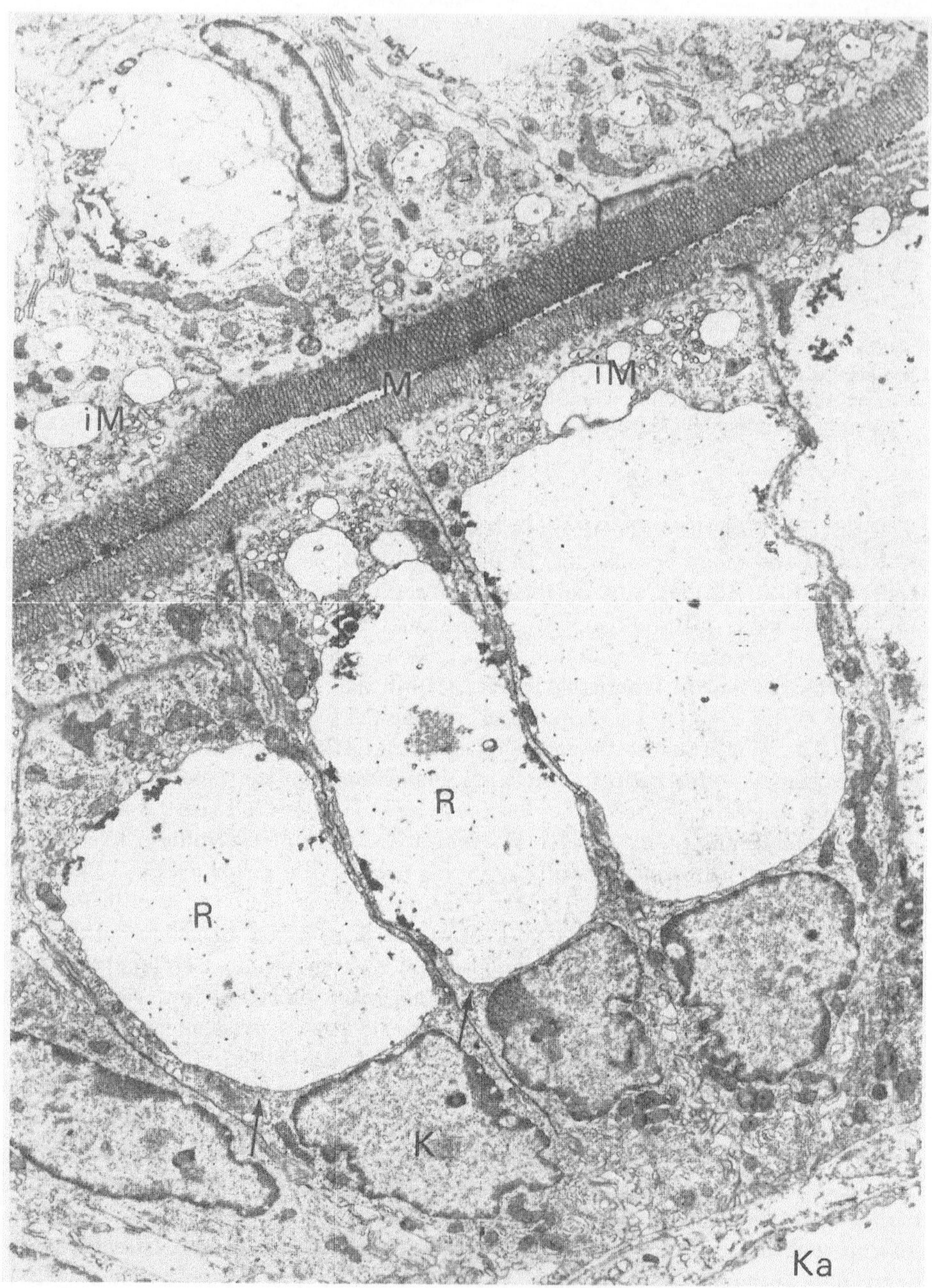

Abb. 26. Rattensäugling, 6. LT, unterer Dünndarm. Enterocyten aus dem oberen Zottendrittel mit voll entwickeltem Riesenlysosom (*R*), aus Vacuolen und Tubuli bestehendem inframikrovillärem Membransystem (*iM*). Periphere Lysosomen fehlen; der Golgi-Apparat (Pfeile)
ist klein. *K* Zellkern, *M* Mikrovilli, *Ka* Kapillare in der Lamina propria. 4500×

flockigem Material auf. Den Riesenlysosomen liegen ausgedehnte leer wirkende
Vacuolen an. Stellenweise gehen die Vacuolen als Teile des inframikrovillären
Membransystems in seine Tubuli über. Es verzweigt sich vielfach, ist stark ent-

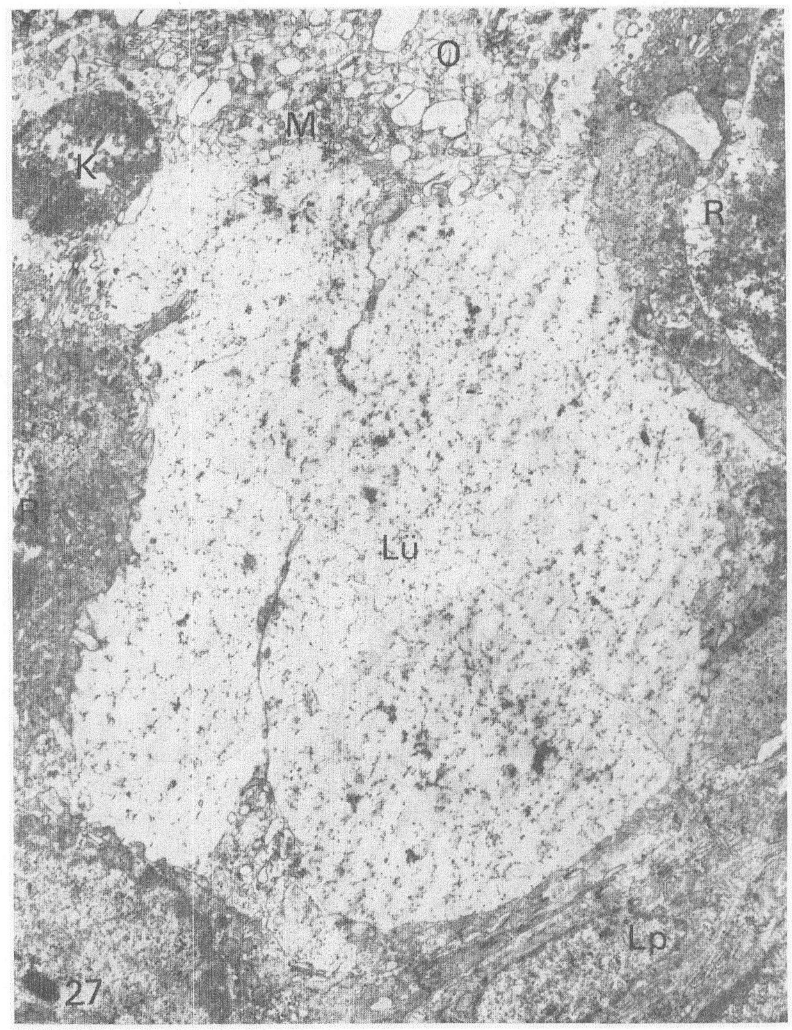

Abb. 27. Rattensäugling, 6. LT, unterer Dünndarm. Lücke (*Lü*) im Epithel nach Extrusion eines gemauserten Enterocyten, flankiert von intakten Saumzellen mit Riesenlysosomen (*R*). Im Darmlumen liegen Reste von Kern (*K*), Organellen (*O*) und Mikrovilli (*M*) des ausgestoßenen Enterocyten. *Lp* Lamina propria. 7000×

wickelt und kommuniziert mit dem Darmlumen an zahllosen Stellen des Mikrovilligrundes. Membransystem und Riesenlysosom trennt oft allein ein schmaler Cytoplasmastreifen. Sichere kontinuierliche Übergänge fehlen jedoch. Andere Vacuolen des Membransystems lagern sich dem Riesenlysosom seitlich an und grenzen an das apikale Plasmalemm. Im *oberen Zottendrittel* kommen ausschließlich Riesenlysosomen mit aufgehelltem Inhalt vor oder wirken leer. Periphere Lysosomen sind praktisch nicht auszumachen (Abb. 26), der Golgi-Apparat ist schwach entwickelt. — An den Zottenspitzen gehen Saumzellen unter. Hierbei reißt häufig als erstes die Membran der Riesenlysosomen ein, so daß es zur Vermischung von Lysosomeninhalt und Cytoplasma sowie Organellen, z.B. eR,

Ribosomen und Mitochondrien kommt. Außerdem wandelt sich das inframikrovilläre Membransystem zu riesigen Blasen um, die später auch im Darmlumen erscheinen. Infolge der Extrusion resultiert passager immer eine Lücke im Epithel, deren Begrenzung intakte Saumzellen bilden (Abb. 27).

Ende der 3. Lebenswoche. In dieser Zeit erfolgt die Umstellung von Muttermilch auf Fremdnahrung, die erstmalig um den 14. LT im Magen und jeweils $^{1}/_{2}$—1 Tag später im Lumen des oberen und unteren Intestinums zusammen mit Bakterien und Würmern nachgewiesen werden kann. Die Veränderungen, die sich hierbei im Zottenepithel des proximalen Dünndarms abspielen sind unauffällig, die des distalen dagegen eher drastisch. Das Epithel der Krypten bleibt in beiden Darmabschnitten unverändert.

Proximales Intestinum. Zwischen dem 18. und 19. LT hat in einigen Zotten der Fettgehalt der Enterocyten abgenommen. Andere Villi befinden sich noch in voller Resorption. Spätestens am 21. LT sind in allen Zotten die Enterocyten des unteren Drittels fettfrei. Verglichen mit dem Epithel erwachsener Tiere sieht man hier jedoch weniger Lysosomen, etwas mehr und längere Mikrovilli; außerdem fehlen inframikrovilläres Membransystem und coated vesicles. Im mittleren Zottendrittel verfügt das apikale Cytoplasma der Enterocyten am 21. LT über mäßig viel kleine Fettropfen und einen Golgi-Apparat, der vorwiegend aus dicht gepackten, aufgeblähten und prall mit Fett gefüllten Vacuolen besteht. Die Extracellulärräume sind lateral und basal ebenfalls mit Fett vollgestopft. Die Saumzellen des oberen Zottendrittels und der Zottenspitze verfügen noch über zahlreiche Fettbläschen und lipidhaltige Golgi-Vacuolen. Außerdem können in den Zottenspitzen gelegentlich Enterocyten zu fettumsäumten Riesenblasen umgewandelt sein, die auch ausgestoßen werden und dann einzeln oder in Gruppen im Darmlumen vorkommen. — Ein oder zwei Tage später besitzen lediglich die Saumzellen der Zottenspitze mitunter Fettröpfchen und dilatierte Golgi-Zonen. Ab 24. LT gleichen alle Enterocyten in den Villi des proximalen Intestinums denen erwachsener Tiere (Toner, 1968; Trier, 1968).

Distales Intestinum. Charakteristisch ist der Ersatz der Saumzellen mit Riesenlysosomen durch solche ohne diese Organellen. Am *18.* und *19. LT* existieren noch zahlreiche Zotten mit Enterocyten, die denen z.Z. der Ernährung allein durch Muttermilch entsprechen. Daneben kommen Zotten vor, deren Saumzellen im unteren Drittel bereits mit denen erwachsener Tiere identisch sind (s.o.). Im mittleren Drittel liegen Enterocyten mit ein bis zwei, meist supranucleär lokalisierten autophagischen Vacuolen (Autolysosomen), die vesikuläre und myelin-figurartige Strukturen enthalten. Periphere Lysosomen fehlen, ebenso ein inframikrovilläres Membransystem; im Golgi-Apparat überwiegen flache Cisternen und Bläschen. Im oberen Zottendrittel besitzen die Saumzellen noch Riesenlysosomen; ihr Durchmesser erreicht nicht mehr den in Enterocyten der Vorzeit. Der Lysosomeninhalt erscheint meist flockig-hell, mitunter vermischt mit Mitochondrien, Ribosomen, Vacuolen und fibrillären Strukturen. Das inframikrovilläre Membransystem ist schwach ausgebildet. Im Gebiet der Zottenspitzen sind die Riesenlysosomen am größten. Am *20. LT* hat die Zahl reifer Zotten gegenüber vorher zugenommen. In anderen Villi kommen Enterocyten ohne Autolysosomen auch im mittleren Drittel vor. Saumzellen mit typischen Riesenlysosomen können wir nicht mehr beobachten. Im oberen Zottendrittel liegen spitzennahe Enterocyten mit apikalen autophagischen Vacuolen. — Einen Tag später, am *21. LT* beobachtet man in den Zotten mit Ausnahme der Spitzen nur reife Enterocyten. Hier gehen massenhaft Enterocyten unter, wobei die Mauserung die gesamte Zottenspitze erfassen kann und entsprechend große Mengen Zelldetritus im Darmlumen erscheinen. — Spätestens am *23. LT* kleiden den distalen Dünndarm überall Enterocyten ohne Riesenlysosomen aus.

β) Histochemie

Oberer Dünndarm. Die ersten Veränderungen gegenüber den letzten Pränatalstadien (s. S. 22) treten etwa 30—40 min nach Beginn des Stillens (s. S. 26) in den Saumzellen des oberen Dünndarms auf. Der histochemische Nachweis der *lysosomalen Hydrolasen* sP, N-A-Gase, β-Gal, α-Gal, α-Man, β-Glu und uE wird stark von der Lipidmenge der jeweiligen Enterocyten beeinflußt. Saumzellen mit wenig Fett besitzen in ihrem apikalen Cytoplasma ein bis zwei mäßig positiv reagierende scharf begrenzte Granula. Mit zunehmendem Fettgehalt sinkt die Granulazahl ab (Abb. 28). Gleichzeitig fällt der Nachweis der mit Azofarbstoffmethoden darstellbaren sP, β-Glu, N-A-Gase, β-Gal, α-Man, uE und α-Gal stellenweise diffus aus. Bei den Metallsalzverfahren bleiben die Reaktionen distinkt granulär. In prall mit Fett gefüllten Enterocyten können methodenunabhängig alle Enzyme praktisch negativ reagieren. Insgesamt ändert sich die Aktivität der lysosomalen Glykosidasen und Phosphatasen im proximalen Dünndarm während der ersten 3 Lebenswochen gegenüber der Pränatalzeit jedoch nicht eindeutig (vgl. Abb. 53a—d). Verglichen untereinander kommt in den Spitzen gelegentlich weniger Reaktionsprodukt als in anderen Zottenabschnitten vor. — Außerdem werden an den Zottenspitzen Enterocyten mit sämtlichen lysosomalen Enzymen ins Darmlumen ausgestoßen und sind hier vorerst weiter aktiv.

Alle *mikrovillären Hydrolasen* des proximalen Intestinums sind im Kryptenepithel inaktiv und können sicher erst an der Krypten-Zottengrenze nachgewiesen werden. Im Aktivitätsverlauf unterscheiden sich die Bürstensaumenzyme in charakteristischer Weise. Die einen haben bereits am Geburtstermin ihr Aktivitätsmaximum erreicht (Lac). Es dauert ca. 14 Tage an und fällt dann ab. Die anderen ändern während der ersten 2 Lebenswochen ihre Aktivität nicht nennenswert und werden im Bürstensaum erst danach aktiver (aP, Mal, NA; Untersuchung mit der ATP-, AMP-, G6P- und TPPase-Methode). Die Aktivität der aP, Lac und Mal steigt etwa bis zum Übergang des unteren ins mittlere Zottendrittel an und bleibt bis zur Zottenspitze unverändert (Abb. 29—32). Demgegenüber beschränken sich die NA bei säugenden Tieren auf das basale Zottendrittel (Abb. 33). — Im Darmlumen lassen sich die Bürstensaumhydrolasen nicht eindeutig nachweisen.

Mittlerer Dünndarm. Die lysosomalen Enzyme sind in den Enterocyten des mittleren Dünndarms aktiver als im proximalen. Dies tritt bereits am 1. LT deutlich hervor und hängt offenbar damit zusammen, daß keine engen Beziehungen zur Fettresorption bestehen. Zunächst treten im apikalen Cytoplasma der unmittelbar oberhalb der Krypten gelegenen Enterocyten einige schwach positive kleine Granula auf, die sP, β-Gal, N-A-Gase, α-Gal, β-Glu, α-Man und uE enthalten. Sie werden bis zum 2. oder 3. LT aus dem basalen in das apikale Saumzellencytoplasma verlagert; danach lassen sich nur noch supranucleär Lysosomen darstellen. Oberhalb davon in der Zotte sieht man einige größere Granula. Zottenspitzenwärts konfluieren die Lysosomen und werden größer. Parallel dazu erhöht

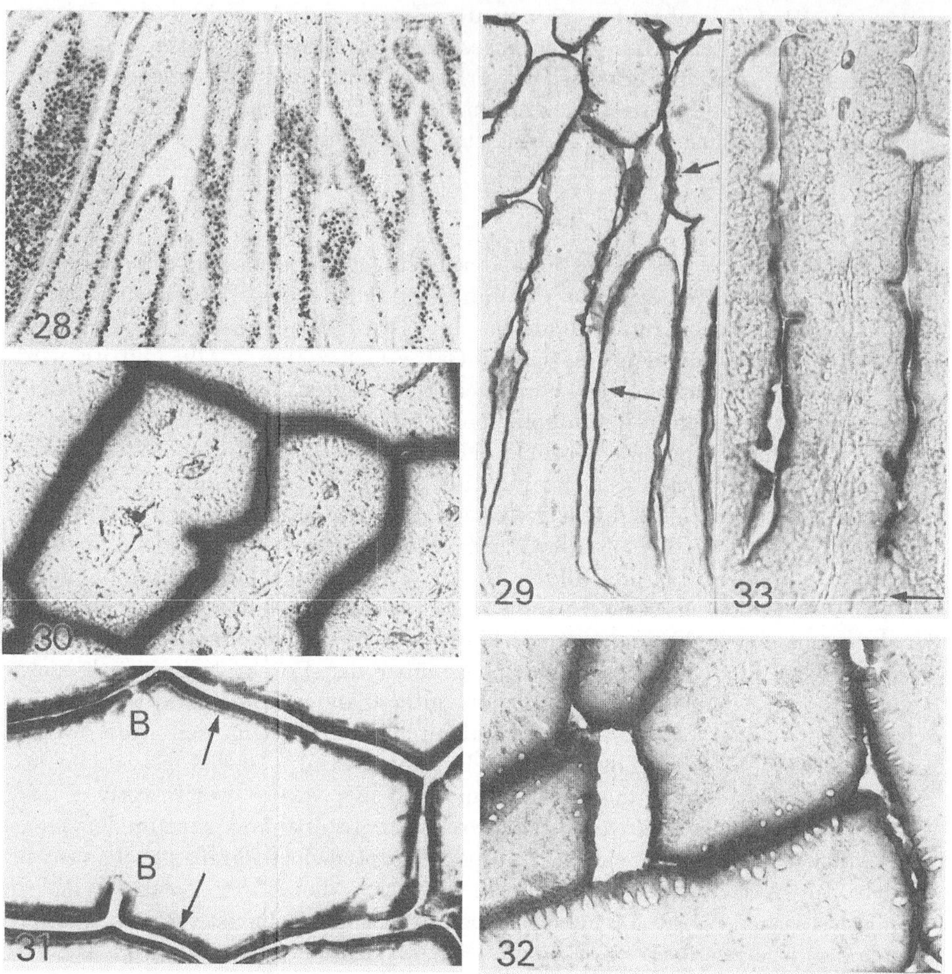

Abb. 28—33. Rattensäugling, 5. LT, oberer Dünndarm. Abb. 28: Infolge des größeren Fettgehaltes reagiert die β-Glucuronidase in den Enterocyten der Zottenspitze und des oberen Zottendrittels schwach oder negativ. Objektiv 10×. Abb. 29: Alkalische Phosphatase in Bürstensaum und Lysosomen (Pfeile). Objektiv 10×. Abb. 30: Darstellung der Lactase mit 1-Naphthyl-β-glucosid, das ausschließlich und maximal im Bürstensaum gespalten wird. Objektiv 25×. Abb. 31: Lactase-Nachweis mit Indolyl-β-glucosid. Obwohl das Indolylderivat schneller hydrolysiert wird als 1-Naphthyl-β-glucosid, fällt die Reaktion infolge der verglichen mit Formol (Abb. 30) stärkeren Hemmung durch Glutaraldehyd schwächer aus. Anders als mit dem 1-Naphthylderivat erfolgt die Hydrolyse von Indolyl-β-glucosid auch außerhalb des Bürstensaums im Cytoplasma der Enterocyten (Pfeile). B Becherzelle. Objektiv 40×. Abb. 32: Maltase mit 2-Naphthyl-α-glucosid. Das Enzym hat wie die alkalische Phosphatase und Naphthylamidase im Bürstensaum im Gegensatz zur Lactase noch nicht seine Maximalaktivität erreicht. Objektiv 25×. Abb. 33: Naphthylamidase im Bürstensaum der Zotten mit spitzenwärts abnehmender Reaktionsintensität; in den Krypten (Pfeile) und Lysosomen fällt die Reaktion negativ aus. Objektiv 10×

sich die Aktivität aller lysosomalen Hydrolasen. Etwa an der Grenze zwischen mittlerem und oberem Zottendrittel sind meist runde Einzellysosomen entstanden, in denen sP, aP, N-A-Gase, uE, β-Gal, α-Man und α-Gal kräftig positiv reagieren.

Im mittleren und oberen Zottendrittel ändert sich die Enzymaktivität nicht mehr. — Anders als die lysosomalen Glykosidasen und Phosphatasen verhalten sich die mikrovillären Hydrolasen. Sie sind weniger aktiv als proximal, übertreffen aber die Reaktionsintensität der Saumzellen des distalen Dünndarms.

Distaler Dünndarm. Im Kryptenepithel fällt der Nachweis der lysosomalen Hydrolasen negativ aus. Erst an der Krypten-Zottengrenze reagieren im apikalen Saumzellencytoplasma Lysosomen positiv. Sie konfluieren ab 2. LT im unteren Zottendrittel und bilden spätestens am Übergang des basalen in das mittlere Villusdrittel die Riesenlysosomen. Ihre sauren Hydrolasen wirken hier bereits hochaktiv. Im verbleibenden Zottendrittel sind die Riesenlysosomen distal dann die auffälligsten Enterocytenorganellen; die Aktivität der lysosomalen Glykosidasen und Phosphatasen übertrifft die in den Lysosomen des Zottenepithels von mittleren und proximalen Dünndarm bei weitem. Die Maximalaktivität sämtlicher Glykosidasen und Phosphatasen ist in den Riesenlysosomen am 3. oder 4. LT erreicht. Über die höchste Aktivität verfügt die β-Gal (mit Indolyl-β-galactosid; Abb. 34), gefolgt von der N-A-Gase (mit Naphthol-AS-BI- und 1-Naphthyl-N-acetyl-β-glucosaminid; Abb. 35), der α-Gal (Abb. 36), der sP (mit Naphthol-AS- und 1-Naphthylphosphat; Abb. 37), der aP (mit β-Glycero- und Naphthol-AS-TR-phosphat), der β-Glu (mit Naphthol-AS-BI-β-glucuronid; Abb. 38), der uE (bei pH 5 mit 1-Naphthylacetat), der α-Man (Abb. 39) und der α-Glu (bei pH 5 mit 2-Naphthyl-α-glucosid; Abb. 40).

Wird der Nachweis der β-Gal mit den β-Galactosiden der 1-Naphthol- oder Naphthol-AS-Reihe oder mit Indolyl-β-fucosid, der der N-A-Gase mit Naphthol-AS-BI-N-acetyl-β-galactosaminid, der sP mit β-Glycero- oder Cytidinmonophosphat und der der β-Glu mit 1-Naphthyl-β-glucuronid (Abb. 41) durchgeführt, fällt die Reaktion im mittleren und oberen Zottendrittel bei gleicher Lokalisation schwächer aus. Im unteren Drittel der Zotten werden vor allem 1-Naphthyl-β-glucuronid und Naphthol-AS-BI-β-galactosid nicht mehr in mikroskopisch sichtbarer Menge von der β-Glu bzw. β-Gal gespalten.

Naphthol-AS-BI-, 1- und 2-Naphthyl-, 6-Br-2-Naphthyl-β-glucosid, 6-Br-2-Naphthyl-β-xylosid und 2-Naphthyl-α-fucosid setzen die Glykosidasen der Riesenlysosomen aller drei Zottenabschnitte auch bei Inkubation frischer Schnitte mit semipermeablen Membranen nicht um. Bei der α-Glucosidasenuntersuchung lokalisiert speziell nach Fixation in Glutaraldehyd (vgl. Abb. 40) und bei Inkubation mit semipermeablen Membranen das 2-Naphthyl-α-glucosid praktisch ebenso exakt in Riesenlysosomen und Mikrovilli wie die 6-Br-Verbindung, wird schneller umgesetzt und kann anders als 6-Br-2-Naphthyl-α-glucosid zur mikrochemischen Messung von α-Glucosidasen benutzt werden (Gossrau, 1974d). In gefriergetrockneten celloidin-montierten Schnitten und formol-fixierten Dünndarmsegmenten gestattet das 6-Br-2-Naphthyl-Derivat gelegentlich die exaktere Ausfällung seines 6-Br-2-Naphthols als orange-roter Azofarbstoff mit Hexazonium-p-rosanilin zur Simultankupplung. — NA kommen unabhängig von Gewebevorbehandlung, Inkubationstyp, Substrat, pH und Puffer ausschließlich im Bürstensaum der distalen Saumzellen vor. Die uE tritt bei pH 6,5 vorwiegend perilysosomal auf. Außerdem reagieren die Riesenlysosomen bei Verwendung des ATP- (pH 7,2 und 9,5; Abb. 43), TPP-, G6P- und AMPase-Mediums kräftig positiv. Setzt man das pH auf 5,0 herab, nimmt die intralysosomale Hydrolyse von ATP, TPP, G6P und AMP ab.

Menge und Lokalisation des Reaktionsproduktes in den Riesenlysosomen hängen bei sämtlichen Hydrolysennachweisen von den benutzten Gewebevorbehandlungs- und Darstellungsverfahren sowie von den untersuchten Postnatalstadien ab. In gefriergetrockneten Kryostatschnitten wechseln mit und ohne Paraformaldehydbedampfung beim Nachweis der sP, N-A-Gase, β-Glu, aP und β-Gal mit Azokupplungs- bzw. Indigogenmethoden fast leere mit vollen Riesenlysosomen ab. Die Reaktionsprodukte Azofarbstoff bzw. Indigo sind oft an der Innenseite der Riesenlysosomenmembran niedergeschlagen. Nach Bedampfung überwiegen die vollen (Abb. 42), ohne Dampffixation die leeren Riesenlysosomen. Nach Stückfixation in Formol oder Glutaraldehyd reagieren alle Riesenlysosomen praktisch gleich intensiv (vgl. Abb. 34—41). Azofarbstoff und Indigo sind homogen darin verteilt. Bei Darstellung der spezifischen und unspezifischen Phosphatasen mit Metallsalzmethoden bleibt

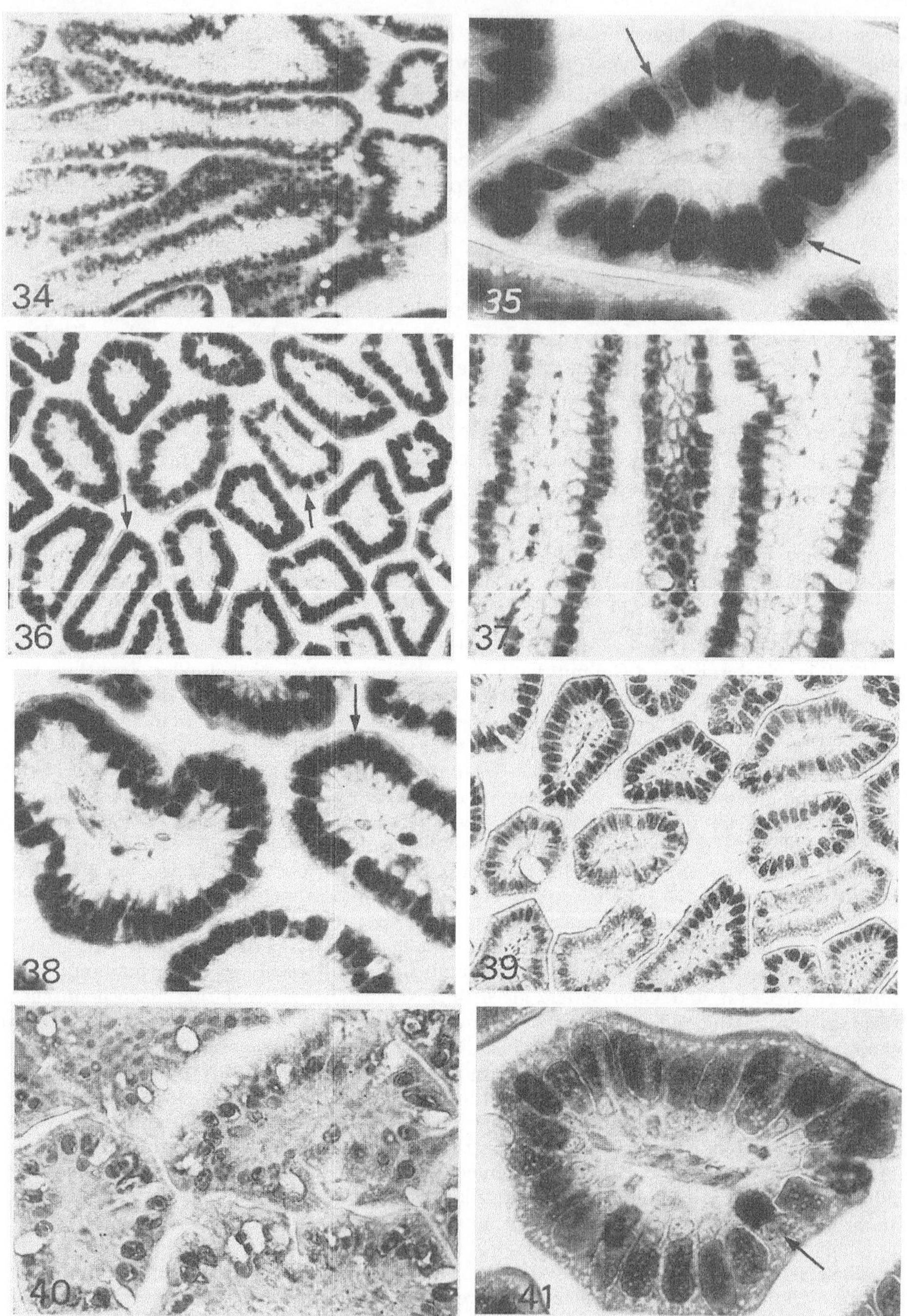

Abb. 34—41. Rattensäugling, 8. LT, Stückfixation in Form- bzw. Glutaraldehyd, Darstellung
verschiedener Enzyme in den Riesenlysosomen des unteren Dünndarms. Bürstensaum und
inframikrovilläres Membransystem (Pfeile) reagieren immer negativ. Unberücksichtigt bleiben
die Aktivitätsunterschiede, da bei allen Präparaten bis zum Eintritt der maximalen Farb-
intensität inkubiert wurde. Abb. 34: Saure β-Galactosidase mit Indolyl-β-galactosid. Objektiv
10×. Abb. 35: N-Acetyl-β-glucosaminidase mit 1-Naphthyl-N-acetyl-β-glucosaminid. Ob-

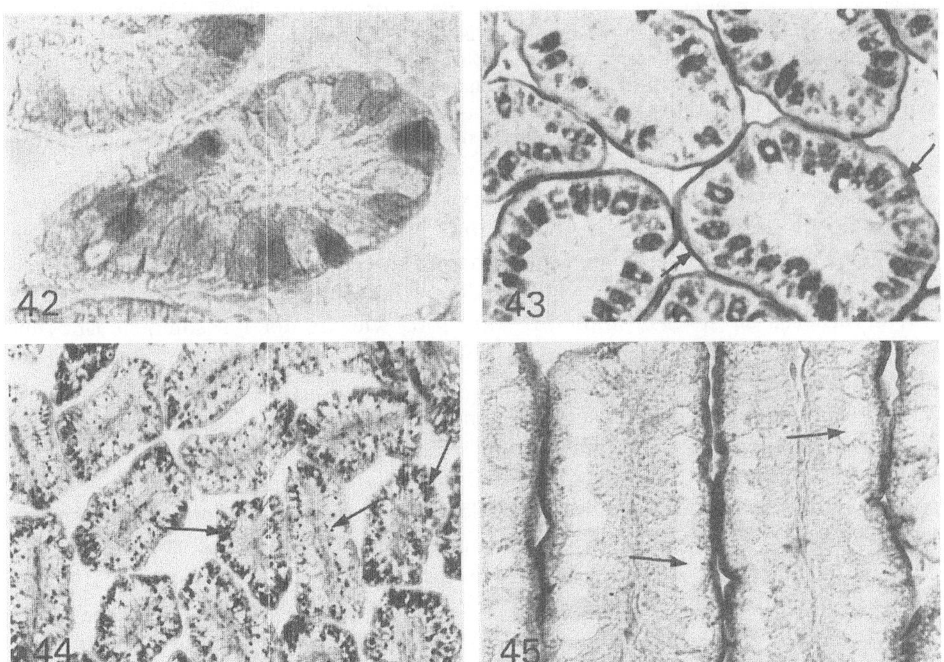

Abb. 42. Rattensäugling, 15. LT, unterer Dünndarm, Darstellung saurer Hydrolasen in den Riesenlysosomen am gefriergetrockneten Kryostatschnitt. Nach Gasfixierung mit Paraformaldehyd tritt beim Nachweis der N-Acetyl-β-glucosaminidase mit Naphthol-AS-BI-N-acetyl-β-glucosaminid in den meisten Riesenlysosomen Azofarbstoff auf. Objektiv 40×

Abb. 43—45. Rattensäugling, unterer Dünndarm. Abb. 43: 13. LT. Adenosintriphosphat wird nur stellenweise in den Riesenlysosomen gespalten. Pfeile Bürstensaum. Objektiv 25×. Abb. 44: 13. LT. Granuläre Reaktionsprodukte beim Nachweis der β-Glucuronidase in den Riesenlysosomen (Pfeile). Objektiv 10×. Abb. 45: 10. LT. Lactase tritt schwach aktiv im Bürstensaum auf und fehlt in den Riesenlysosomen (Pfeile). Objektiv 25×

stellenweise intralysosomal eine kreisrunde Zone ausgespart oder färbt sich schwächer als der restliche Teil des Lysosomeninnenraums an (Abb. 43). Hierbei lassen sich die Phosphatasen mit Reaktionen vom Gomorityp in den Riesenlysosomen unabhängig von Inkubationsart nur nach Stückfixation in Glutaraldehyd befriedigend nachweisen. Celloidinfilme über aufgezogenen Schnitten verbessern die Lokalisation ohne sichtbare Aktivitätsverluste und reduzieren z.T. artefizielle Fällungen. In formol-fixierten Intestinalschlingen und gefriergetrockneten Kryostatschnitten erfaßt man mit Metallsalzverfahren sicher allein die mikrovillären Phosphatasen. Formol-fixiertes und gefriergetrocknetes Material eignen sich nur zur Darstellung der lysosomalen aP und sP mit simultanen Azokupplungsreaktionen. Durch flottierende Inkubation von Schnitten stückfixierten Gewebes mit Schwermetallen lassen sich im Gegensatz zu montierten unspezifische Blei- und Cobaltsulfidniederschläge vermeiden. Die Reaktionsintensität gleicht sich mit Azokupplungs- und Metallsalzverfahren in etwa. — Bis zum 10. LT ist das Reaktionsprodukt meist in gleicher Menge homogen in den Riesenlysosomen verteilt. Danach kommt es intralysosomal in ganzen Zotten bei allen Glykosidasen- und

jektiv 40×. Abb. 36: α-Galactosidase mit 1-Naphthyl-α-galactosid. Objektiv 10×. Abb. 37: Saure Phosphatase mit Naphthol-AS-TR-phosphat. Objektiv 25×. Abb. 38: β-Glucuronidase mit Naphthol-AS-BI-β-glucuronid. Objektiv 25×. Abb. 39: α-Mannosidase mit 1-Naphthyl-α-mannosid. Objektiv 10×. Abb. 40: α-Glucosidase mit 2-Naphthyl-α-glucosid. Objektiv 25×. Abb. 41: β-Glucuronidase mit 1-Naphthyl-β-glucuronid. Objektiv 40×

Phosphatasen-Nachweisen zur Umverteilung und Verminderung des Reaktionsproduktes. Selbst in formol- und glutaraldehyd-fixierten distalen Dünndarmsegmenten sieht man Riesenlysosomen, die sich im mittleren und oberen Zottendrittel ungleichmäßig anfärben. In ihnen reagieren ein oder mehrere runde scharf begrenzte Granula; der übrige Lysosomeninnenraum wirkt weitgehend leer (Abb. 44). Es können sogar Zotten mit supranucleären Riesenlysosomen vorkommen, die keine oder kaum aktive Glykosidasen und Phosphatasen enthalten und an die durch Saccharose induzierbaren Vacuolen (s. S. 51) erinnern.

Im Gegensatz zu den insgesamt hochaktiven lysosomalen Hydrolasen reagieren die mikrovillären Mal, Lac (Abb. 45) und NA sowie die Phosphatasen immer schwächer als im mittleren und proximalen Intestinum. Die NA kommen nur im Bürstensaum des unteren und mittleren Zottendrittels vor. Zottenspitzenwärts verlieren sie in dem Maße an Aktivität, wie die der lysosomalen Enzyme wächst. Die anderen Bürstensaumhydrolasen sind überall in den Zotten etwa gleich aktiv.

Die Mauserung der hydrolase-reichen Enterocyten des distalen Dünndarms spiegelt sich auch im Darmlumen wider. Sein Zelldetritus besitzt während der ersten Lebenswochen hohe aP-, sP-, α-Gal-, β-Gal-, β-Glu-, uE- und N-A-Gase-Aktivität, die selten an noch intakte Riesenlysosomen gebunden ist. Außerdem hat der hydrolase-haltige Darminhalt engen Kontakt mit den Zotten.

Dickdarm. Im Anfangsteil des Colon (nur histochemisch untersucht) treten stellenweise kurze plumpe Zotten auf, deren Saumzellen Riesenlysosomen besitzen. Aktivität und Verteilung ihrer Hydrolasen entsprechen denen des unteren Dünndarms und machen auch den massiven postnatalen Aktivitätsanstieg mit (Abb. 46). Der Bürstensaum dieser Zotten zeichnet sich ebenfalls durch Lac-, Mal-, aP-, NA- sowie AMPase- und ATPase-Aktivität aus. Extravilläre Bürstensaumpartien sind frei davon. In den zottenlosen Abschnitten des Colon ascendens sowie im restlichen Colon finden wir meist überall im Saumzellencytoplasma mäßig intensiv reagierende und meistens kleine Lysosomen (Abb. 47). Im Hydrolasenbestand unterscheiden sie sich nicht von den Riesenlysosomen, zeigen aber keinen postnatalen Aktivitätsanstieg. Der Dickdarminhalt fällt durch die höchste α-Gal-, β-Gal-, N-A-Gase und β-Glu-Aktivität unter allen bearbeiteten Darmabschnitten auf.

Die *Umstellung von Muttermilch auf Festnahrung* macht sich bei der enzymhistochemischen Untersuchung mit Beginn des 19. LT in den einzelnen Darmabschnitten verschieden bemerkbar und betrifft in erster Linie die lysosomalen Hydrolasen. Im Zottenepithel des *oberen Dünndarms* (s. S. 34) nehmen die positiv reagierenden Lysosomen ab. Am 22. LT sind sicher nur noch uE, aP und sP mit allen eingesetzten Substraten, N-A-Gase mit Naphthol-AS-BI- und 1-Naphthyl-glucosaminid sowie die β-Gal mit Indolyl-β-galactosid nachweisbar. α-Man und α-Gal können wir unabhängig von der Gewebevorbehandlung nicht mehr darstellen. Neu tritt im proximalen Dünndarmepithel die TPPase im Golgi-Apparat der Saumzellen auf. — Im *mittleren und unteren Dünndarm* (s. S. 34) rücken aus den Krypten Saumzellen mit kleinen apikal gelegenen Lysosomen nach. Sie unterscheiden sich im Hydrolasenbestand nicht von den Riesenlysosomen. Am aktivsten sind die sP, β-Gal, N-A-Gase und α-Gal. In den Riesenlysosomen des mittleren und oberen Zottendrittels erscheinen vermehrt dicht gepackte oder locker angeordnete reaktionsprodukthaltige Granula. Im *oberen Zottendrittel* werden die Riesenlysosomen kleiner und bilden an den Zottenspitzen spätestens am 22. LT eine Art Lysosomenkappe (Abb. 48). Hier werden sie mit ihren sauren Hydrolasen ins Darmlumen ausgestoßen. Untereinander verhalten

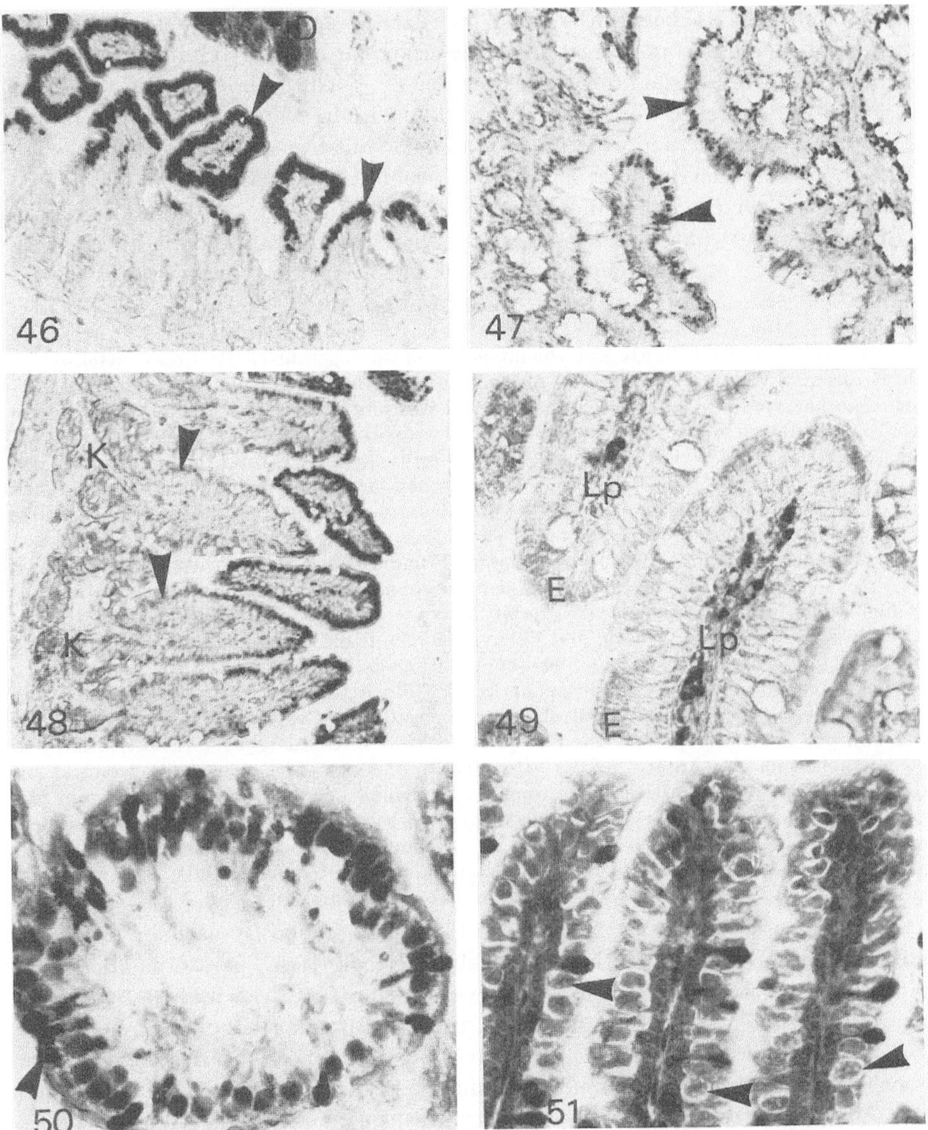

Abb. 46—47. Rattensäugling, 6. LT. Abb. 46: Anfangsteil des Colon ascendens, saure β-Galactosidase mit 1-Naphthyl-β-galactosid als Substrat. Darstellung von Riesenlysosomen (Pfeile) in kurzen plumpen Zotten und Darminhalt (*D*). Objektiv 10×. Abb. 47: In zottenfreien Dickdarmabschnitten fehlen Riesenlysosomen. Statt dessen liegen im Saumzellencytoplasma zahlreiche kleine Lysosomen (Pfeile). Objektiv 25×

Abb. 48—51. Rattensäugling, unterer Dünndarm. Abb. 48: 22. LT, Nachweis der β-Glucuronidase mit Naphthol-AS-BI-β-glucuronid. Aus den Krypten (*K*) wachsen Enterocyten ohne Riesenlysosomen nach (Pfeile). Die noch vorhandenen Saumzellen mit Riesenlysosomen beschränken sich auf das obere Zottendrittel. *Z* quergetroffene Zotten aus dem oberen Drittel. Objektiv 10×. Abb. 49: 24. LT. Die Enterocyten (*E*) verfügen kaum über aktive β-Glucuronidase. Dafür reagieren jetzt die Makrophagen in der Lamina propria (*Lp*) kräftig positiv. Objektiv 25×. Abb. 50: 6. LT, PAS-Reaktion. Die Riesenlysosomen (Pfeil) färben sich homogen an. Objektiv 40×. Abb. 51: 6. LT, Methylenblau. Im Unterschied zur PAS-Reaktion wirken die Riesenlysosomen durch schwächer oder nicht gefärbte Stellen z.T. aufgelockert (Pfeile). Objektiv 25×

sich die Villi dabei asynchron, so daß gleichzeitig Zotten mit Riesenlysosomen neben solchen ohne vorkommen. Im Gegensatz zu den Aktivitätsverlusten im Saumepithel steigt speziell die Intensität der sP, β-Glu (Abb. 49), β-Gal, α-Man und α-Gal in den Zellen der Lamina propria am Ende der 3. Lebenswoche rapide an. — Im Dickdarm und Rectum ändert sich mit Ausnahme der Saumzellen mit Riesenlysosomen nichts. Sie werden ebenfalls ins Darmlumen extrudiert. Parallel dazu verschwinden die kurzen plumpen Zotten. — Die mikrovillären Hydrolasen weisen im Dünndarm gegen früher histochemisch keine klaren Veränderungen auf. Im Dickdarm reagieren sie nach dem Zottenuntergang negativ.

Die *Spezifitätskontrollen* liefern bei den enzymhistochemischen Untersuchungen im Epithel 5 oder 6 Tage alter Rattensäuglinge folgende Resultate: Bei Inkubation ohne Substrat oder Hitzeinaktivierung der Schnitte unterbleibt bei allen durchgeführten Hydrolasennachweisen jede Reaktion. N-Acetylglucos- und N-Acetylgalactosaminolacton hemmen selektiv die N-A-Gase, Saccharolacton in sämtlichen eingesetzten Konzentrationen die β-Glu, Galactose die α-Gal, Mannonolacton die α-Man, pCMB und Galactonolacton die β-Gal, Phlorizin, Glucono- und Galactonolacton die Lac; 0,05 mM E600 unterdrückt die uE total, in Konzentrationen von 0,005 mM partiell. — Bei den Spezifitätskontrollen für die unspezifischen und spezifischen Phosphatasen führen flottierende, allseits vom Medium umspülte und aufgezogene Schnitte zu identischen Resultaten. Auch Prä- und Simultanhemmung liefern bei allen Phosphatasen übereinstimmende Befunde. Ebenso beeinflussen Hemmzeit und Konzentration des Inhibitors das histochemische Reaktionsergebnis bei der Phosphataseuntersuchung im Unterschied zur biochemischen und mikrochemischen Spezifitätskontrolle nicht eindeutig (Gossrau, 1974d). In Gegenwart von Cyanid, Fluorid und Phenylalanin läuft die Spaltung von TPP, G6P, AMP und ATP im Medium zur Darstellung der spezifischen Phosphatasen, aber auch die von Naphthol-AS-TR- und β-Glycerophosphat im sP- und aP-Ansatz in Riesenlysosomen und Bürstensaum lichtmikroskopisch-histochemisch ungestört ab. Cystein inhibiert die Hydrolyse aller mikrovillären und lysosomalen Phosphatasen von Rattensäuglingen. Substitution von β-Glycerophosphat im Ansatz für die aP durch äquimolares TPP oder ATP verstärkt die Reaktion in Mikrovilli und Riesenlysosomen von formol- oder glutaraldehyd-fixiertem Material; äquimolare G6P- oder AMP-Konzentrationen schwächen sie wenigstens im Bürstensaum ab. Gleiches resultiert bei Inkubation mit äquimolarem β-Glycerophosphat im ATPase-, TPPase-, G6Pase- und AMPase-Ansatz. Demgegenüber werden ATP, G6P, AMP und TPP im Medium zum Nachweis der sP kaum oder nicht angegriffen.

PAS, Fluorescenz. Außer Hydrolasen lassen sich in den Lysosomen des oberen und unteren Dünndarmepithels an gefriergetrockneten, paraformaldehyd-bedampften und methanol-montierten Kryostatschnitten *PAS-positive Substanzen* darstellen. In den Riesenlysosomen des distalen Dünndarms kommen sie überall homogen verteilt in gleicher Menge vor (Abb. 50). Immer fehlt der bei der intralysosomalen Hydrolasenuntersuchung und Methylenblaufärbung (Abb. 51) nach dem 10. LT auftretende granulär-lockere Reaktionsausfall. — *Fluorescenzuntersuchungen.* Pränatal und vor dem Beginn des Stillens fluorescieren der Bürstensaum des gesamten Dünndarms und die Lysosomen des mittleren und distalen Darmepithels grünlich, das Darmlumen und die Lysosomen der proximalen Saumzellen nicht. Mit der Aufnahme von Muttermilch tritt in Magen und Darm eine massive Gelbgrün- und in den Lysosomen von mittlerem und unterem Dünndarm eine Braun- oder Goldgelb-Fluorescenz auf. Im Bürstensaum übertrifft die Grünfluorescenz des proximalen die des mittleren und distalen Intestinums. Mit Beginn des 15. LT fluoresciert der Darminhalt zwar immer noch goldgelb. Mitunter ist aber eine schwache Rotfluorescenz beigemischt, die an den folgenden Tagen ansteigt und ab 18. LT zunehmend auch im Bürstensaum des gesamten Dünndarms vorkommt. Am 21. oder 22. LT fluoresciert die Mikrovillizone wie bei erwachsenen Ratten intensiv rot. Außerdem zeichnet sich jetzt die Golgi-Zone einzelner Enterocyten durch schwache Rotfluorescenz aus. Parallel zum Anstieg der mikrovillären Rotfluorescenz verschwinden die fluorescierenden Lysosomen aus dem Darmepithel, das spätestens nach dem 22. LT außerhalb von Mikrovilli und Golgi-Feld keine eindeutige Fluorescenz mehr aufweist.

c) Mikrochemie

Die Michaelis-Konstanten (K_m) mit 1-Naphthyl-β-galactosid, -N-acetyl-β-glucosaminid, -β-glucuronid und -α-galactosid betragen im Dünndarm 6 Tage alter Rattensäuglinge 0,65, 0,2, 0,4 und 1,2 mM (Abb. 52a—d). Mit den 10fachen oder höheren Substratkonzentrationen läuft die Reaktion der β-Gal, N-A-Gase, β-Glu und α-Gal über 2 Std linear ab. Das pH-Optimum liegt für die β-Gal zwischen 3,5 und 5,5, für die N-A-Gase zwischen 4,5 und 5,5, für die β-Glu zwischen 4 und 6 und für die α-Gal zwischen 4 und 5 (Abb. 52e).

Mikrochemische Enzymbestimmungen wurden zwischen dem 17. ET und 30. LT durchgeführt (Abb. 53). Am 17. ET stimmen die MKH-Werte im proximalen und distalen Dünndarm für die β-Gal, N-A-Gase, β-Glu und α-Gal weitgehend überein und sind niedrig. In der Folgezeit nehmen die Aktivitäten dieser Enzyme bis zur Geburt kontinuierlich zu, die der β-Gal am stärksten. Alle untersuchten Hydrolasen des Saumepithels sind z.Z. der Geburt im distalen Intestinum deutlich aktiver als im proximalen. — Postnatal ändern sich *proximal* die MKH-Werte für die bearbeiteten Glykosidasen nicht mehr signifikant. Mit dem Abschluß der 3. Lebenswoche fallen ihre Aktivitäten etwas ab und entsprechen denen erwachsener Saumzellen. Demgegenüber nimmt die Enzymaktivität in den Enterocyten des *distalen Dünndarms* nach der Geburt beträchtlich zu, vor allem die der β-Gal. Das Aktivitätsmaximum ist überall am Ende der 1. Lebenswoche erreicht und bleibt 1 Woche erhalten. Danach werden im Verlauf einer weiteren Woche die Aktivitäten wieder geringer. Mit Beginn der 4. Lebenswoche erreichen die Glykosidasen des unteren Intestinums mikrochemisch die Aktivitäten des erwachsenen Dünndarms, die die im proximalen Abschnitt ca. um das Doppelte übertreffen.

2. Experimentelle Untersuchungen

a) Cortisonbehandlung

Gaben von Cortisonacetat rufen in Abhängigkeit von der *Dosis* und dem *Zeitpunkt* der Applikation charakteristische Reaktionen am Darmepithel hervor. Außerdem finden wir typische Veränderungen von *Körpergewicht* und *Haarkleid*. Auf Dosen von 0,05, 0,1, 0,2, 0,3 und 0,4 mg/g KG reagiert das Darmepithel bei Gabe am 1., 5., 10. und 15. LT nach 2—4 Tagen in gleicher Weise, und zwar vor allem mit Lysosomenveränderungen (s.u. Primärreaktion). Vollständige Restitution (s. S. 48) des Darmepithels tritt bei Tieren ein, die am 5. oder 10. LT mit Cortison behandelt wurden. Bei Verabreichung am 1. LT wird der Zustand des Intestinalepithels vor der Cortisonapplikation nur mit Dosen bis zu 0,1 mg/g KG, nicht jedoch bei Gabe von 0,4 mg/g KG erreicht. Applikation am 15. LT führt lediglich zur Primärreaktion. Das Körpergewicht der Säuglinge steigt nach Cortisonverabreichung am 1. oder 15. LT nicht an oder fällt sogar ab. Bei diesen Tieren erholt sich der Darm nicht von der Cortisongabe. Bei Applikation am 5. und 10. LT beobachtet man lediglich einen verzögerten Gewichtsanstieg. Außerdem bilden Säuglinge vom 1. LT mit irreversibler Cortisonwirkung bis auf einen dürftigen Flaum kein Haarkleid, die mit reversiblem Cortisoneffekt einen dichten

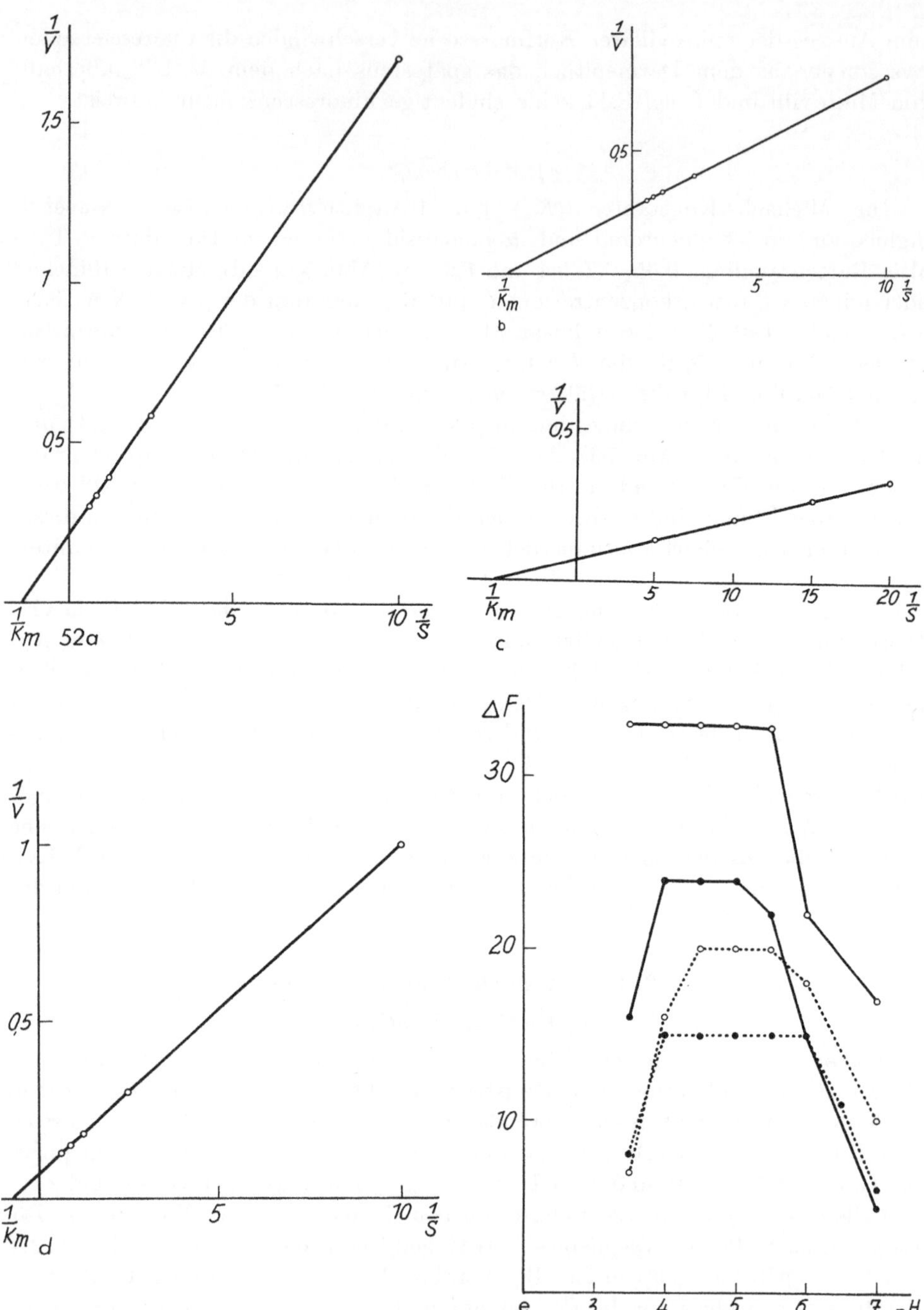

Abb. 52a—e. Rattensäugling, 6. LT, Überstand von Dünndarmhomogenaten (a—d). Lineweaver-Burk-Diagramme zur Ermittlung der Michaelis-Konstanten (K_m) mit 1-Naphthylglykosiden bei pH 4,5. (a) β-Galactosidase, (b) N-Acetyl-β-glucosaminidase, (c) β-Glucuronidase, (d) α-Galactosidase, (e) pH-Verlaufskurven für saure β-Galactosidase (○——○), N-Acetyl-β-glucosaminidase (○----○), β-Glucuronidase (●----●) und α-Galactosidase (●——●)

44

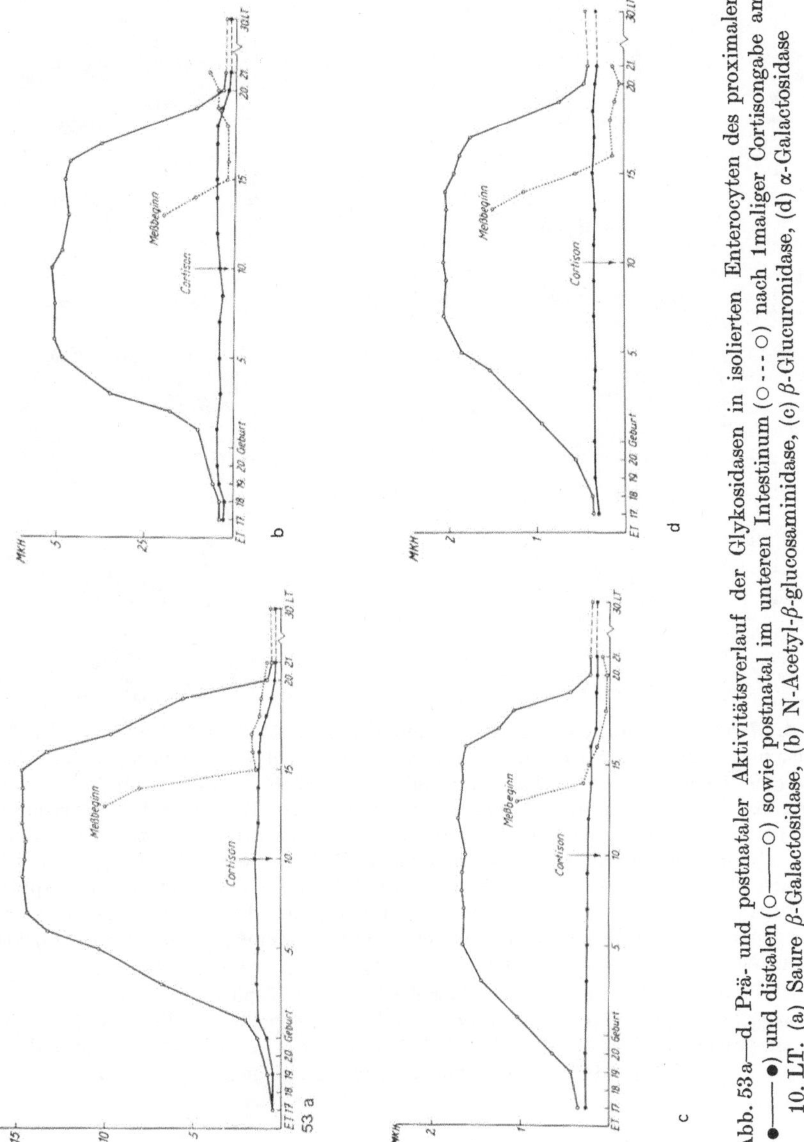

Abb. 53a—d. Prä- und postnataler Aktivitätsverlauf der Glykosidasen in isolierten Enterocyten des proximalen (•——•) und distalen (○——○) sowie postnatal im unteren Intestinum (○--○) nach 1maliger Cortisongabe am 10. LT. (a) Saure β-Galactosidase, (b) N-Acetyl-β-glucosaminidase, (c) β-Glucuronidase, (d) α-Galactosidase

Flaum aus, der erst im Verlauf der 4. Lebenswoche durch das für unbehandelte Ratten typische Haarkleid ersetzt wird. Darüber hinaus kommt es bei reversiblem Cortisoneffekt zur vorzeitigen Öffnung der Augen.

Im Gegensatz zur Dosis und dem Zeitpunkt der Applikation spielt die *Art der Cortisongabe* (s.c., i.p., p.o.) keine Rolle. Auch wirkt sich die Wiederholung der Injektion oder Karenz vor der oralen Applikation nicht aus. — Alle folgenden Resultate wurden an Tieren nach einmaliger s.c. Applikation von 0,05—1 mg/g KG gewonnen.

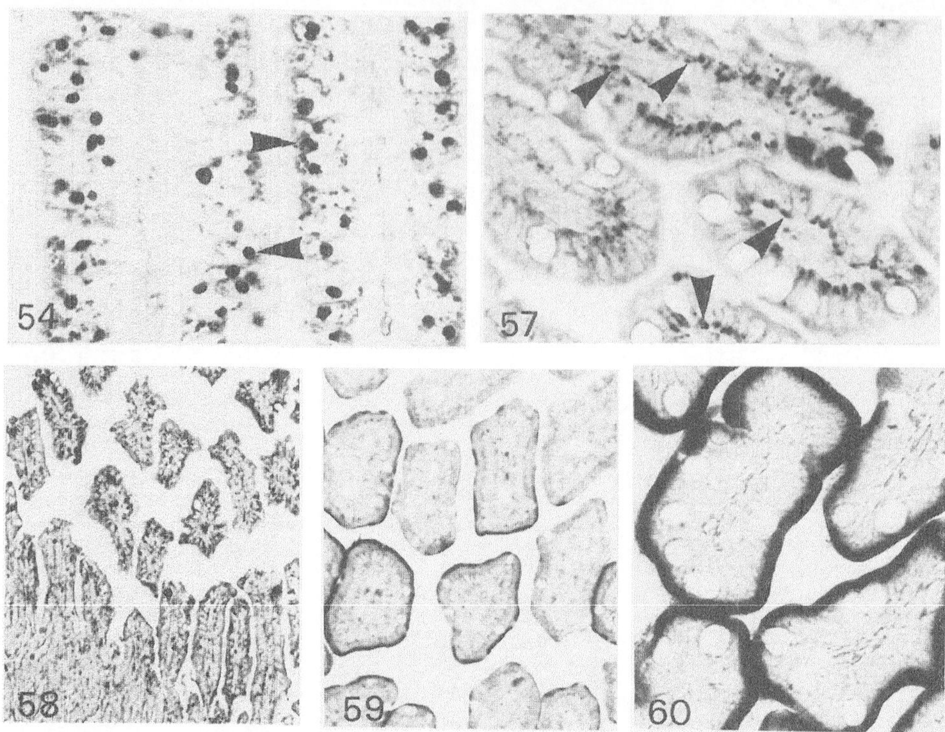

Abb. 54, 57, 58. Rattensäugling, unterer Dünndarm. Abb. 54: 8. LT, Nachweis der β-Glucuronidase mit Naphthol-AS-BI-β-glucuronid. 2—3 Tage nach s.c. Cortisongabe fällt die Reaktion in den Riesenlysosomen (Pfeile) granulär aus. Objektiv 25×. Abb. 57: 15. LT, Darstellung der N-Acetyl-β-glucosaminidase mit Naphthol-AS-BI-N-acetyl-β-glucosaminid. Aus den Krypten wachsen 5 Tage nach peroraler Cortisonapplikation Saumzellen mit kleinen, im basalen Cytoplasma gelegenen Lysosomen nach (Pfeile), die die Enterocyten mit Riesenlysosomen ablösen. Objektiv 25×. Abb. 58: 16. LT, saure Phosphatase mit Naphthol-AS-TR-phosphat. 7 Tage nach Cortisonapplikation erscheinen die Villi niedriger und haben an Zahl abgenommen. Die Enterocyten zeichnen sich durch kleine Lysosomen aus. Objektiv 10×
Abb. 59—60. Rattensäugling, 10. LT, oberer Dünndarm. Abb. 59: Nach Cortisongabe am 1. LT ist die Aktivität der alkalischen Phosphatase mit 1-Naphthylphosphat im Bürstensaum stark zurückgegangen und intralysosomal völlig verschwunden. Objektiv 10×. Abb. 60: Nach der gleichen Zeit ist die Aktivität der Lactase mit 1-Naphthyl-β-glucosid in den Mikrovilli des unteren Dünndarms massiv angestiegen. Objektiv 25×

Bei der *Primärreaktion* machen sich die ersten Veränderungen 2—4 Tage nach Cortisongabe an den Riesenlysosomen des distalen Dünndarms bemerkbar. Dann reagieren alle Hydrolasen auch vor dem 10. LT (s. S. 39) nicht mehr homogen. Das Reaktionsprodukt erscheint in den Riesenlysosomen überwiegend klein granuliert. Vereinzelt kommen große, scharf begrenzte Granula vor (Abb. 54), denen elektronenmikroskopisch intralysosomal gelegene, dichte abgerundete und membranlose Areale entsprechen. Die großen Granula liegen oft basal in den Riesenlysosomen und bilden in den Saumzellen einer Zotte Reihen. Die Größe der Riesenlysosomen ändert sich nicht. Periphere Lysosomen kommen ebenfalls weiterhin vor, konfluieren aber selten untereinander und mit dem Riesenlysosom. Im Saumepithel des mittleren Dünndarms und Colon ascendens werden die Lysosomen kleiner. Die intralysosomale Verteilung des Reaktionsproduktes ändert

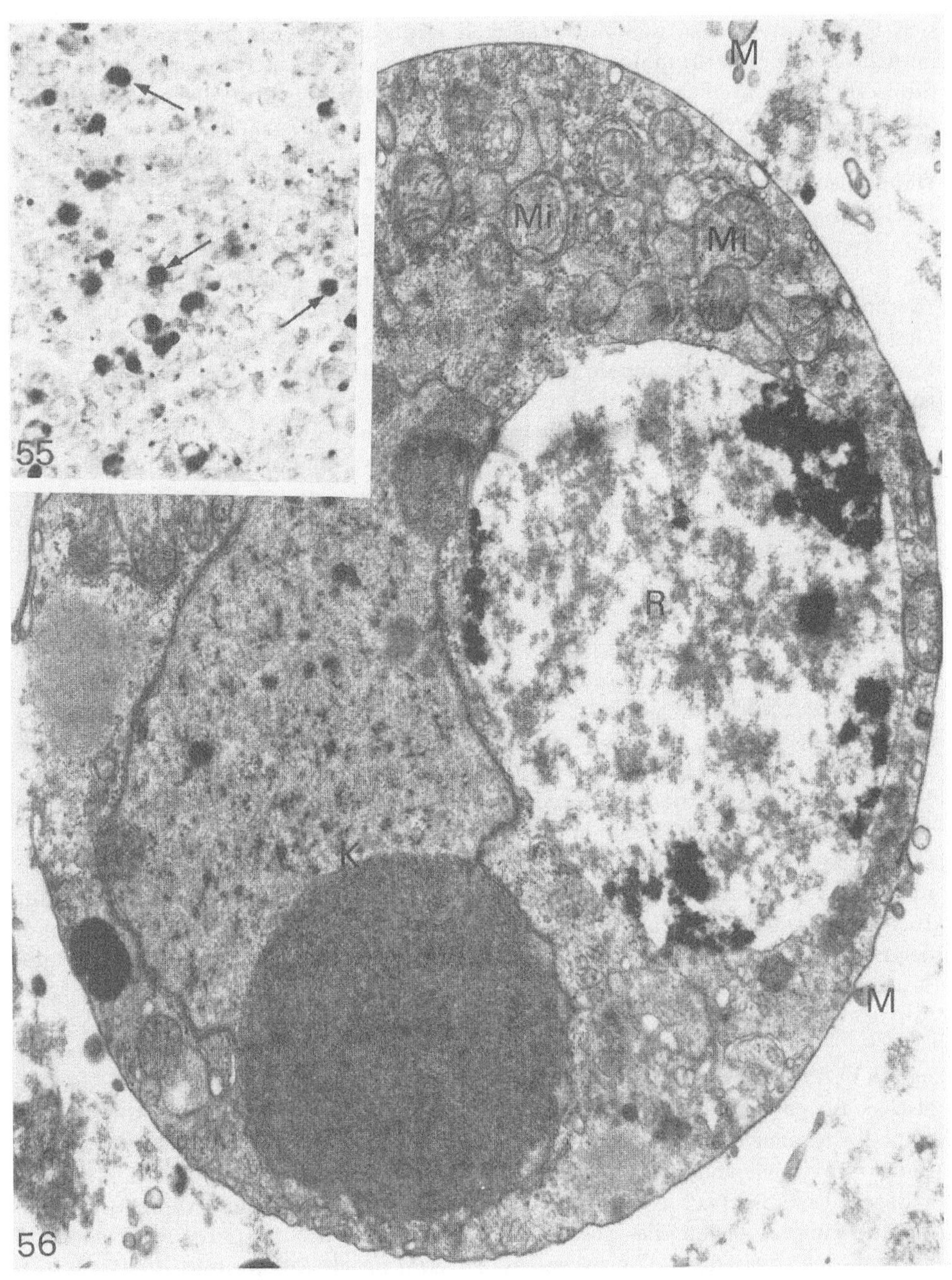

Abb. 55—56. Rattensäugling, 14. LT, unterer Dünndarm 3 Tage nach Cortisongabe. Abb. 55: Beim Nachweis der N-Acetyl-β-glucosaminidase mit Naphthol-AS-BI-N-acetyl-β-glucosaminid reagieren die Riesenlysosomen (Pfeile) extrudierter Saumzellen im Darmlumen unverändert positiv. Objektiv 40×. Abb. 56: *In toto* ausgestoßenes Riesenlysosom (*R*) in weitgehend intaktem abgerundeten, aber mikrovillifreien Enterocyten. *K* Zellkern, *Mi* Mitochondrien, *M* Reste zerfallener Mikrovilli. 21 000×

sich hier nicht. — An den Zottenspitzen reißt bei der Enterocytenmauserung im distalen Dünndarm in der Regel die Membran der Riesenlysosomen nicht ein. Sie werden mit ihren sauren Hydrolasen *in toto* ausgestoßen und liegen als positiv reagierende rundliche Gebilde auch im Darmlumen (Abb. 55, 56). Ab dem 4. oder 5. Tag nach der Cortisongabe wachsen aus den Krypten des mittleren und unteren Dünndarms Enterocyten nach, die viele kleine Lysosomen besitzen und beim Nachweis der sP, aP, N-A-Gase, α-Gal, β-Gal, α-Man, uE und β-Glu positiv reagieren (Abb. 57). ATP, AMP, TPP und G6P werden nicht gespalten. Spätestens am 6. oder 7. Tag nach der Cortisoninjektion sind distal alle Saumzellen mit Riesenlysosomen durch solche ersetzt, die diese Organellen nicht mehr besitzen. Gleichzeitig ist die Aktivität der lysosomalen Glykosidasen (Abb. 53a—d) und Phosphatasen zurückgegangen. Die Zotten sind niedriger und dünner geworden (Abb. 58; vgl. Abb. 34).

Die unter Cortisoneinfluß gebildeten Saumzellen erinnern enzymhistochemisch z.T. an die unmittelbar vor oder nach der Geburt im unteren Dünndarm vorhandenen Enterocyten (s. S. 21). Am Übergang der Krypten in die Zotten liegen nur im basalen Cytoplasma wenige aktive Lysosomen. Sie vermehren sich im unteren und mittleren Zottendrittel, liegen oft paranucleär und werden manchmal größer. In den Saumzellen des oberen Zottendrittels treten sie auch im apikalen Cytoplasma auf und können gelegentlich zu größeren Lysosomen konfluieren. Außerdem sind in diesen Enterocyten Golgi-Anteile, ergastoplasmatische Cisternen und vor allem die freien Ribosomen vermehrt (Intensivierung der Methylenblaufärbung); ein inframikrovilläres Membransystem fehlt. — Im proximalen Dünndarm erfaßt man ab 5. Tag nach der Cortisongabe mit Azofarbstoffmethoden gelegentlich weniger Lysosomen als bei Kontrollsäuglingen, nicht dagegen mit Metallsalzverfahren. Die Aufnahme von Fett ist meistens reduziert.

Die *Restitution* des Darmepithels beginnt regelmäßig 7—8 Tage nach der Cortisonapplikation. Dabei treten an die Stelle der Saumzellen mit zahlreichen kleinen Lysosomen im mittleren und unteren Dünndarm erneut Enterocyten mit Riesenlysosomen. Die Entstehung der Riesenlysosomen entspricht der während der Stillzeit (s. S. 31). Die Zotten werden wieder dicker und höher. — Proximal steigt im Darmepithel die Einschleusung von Lipiden auf das Ausmaß vor der Cortisonapplikation an.

Eine Sondersituation liegt bei den Tieren vor, die am 1. LT Cortison erhalten haben und bei denen keine Restitution des Darmepithels eingetreten ist. Zunächst sistiert im proximalen Dünndarm um den 5. LT die Fettaufnahme. Am 9. oder 10. LT sind hier dann auch die Zotten kürzer und schmaler geworden. Während die Mikrovilli morphologisch unverändert bleiben, hat die Aktivität der mikrovillären Enzyme (aP, NA, Lac) abgenommen (Abb. 59; vgl. Abb. 29). Keine Veränderungen zeigen die Lysosomen. Im Epithel des mittleren und distalen Dünndarms sowie des Colon ascendens ist zum gleichen Zeitpunkt die Aktivität der mikrovillären Hydrolasen angestiegen (Abb. 60; vgl. Abb. 45). Die Lysosomen verhalten sich histochemisch wie 5—6 Tage nach der Cortisongabe. In ungefärbten Schnitten kommen im apikalen Saumzellencytoplasma gelbgrüne Pigmentansammlungen vor. Elektronenmikroskopisch beobachtet man supranucleär polymorphe Lysosomen. Sie schnüren sich vom eR ab oder stellen zu autophagischen Vacuolen umgewandelte Riesenlysosomen dar. Diese wirken ausgesprochen enzymarm oder reagieren negativ und sind kleiner als bei Kontrolltieren. Der Inhalt anderer Riesenlysosomen besteht aus einer filamentös-netzigen

Grundsubstanz, durchsetzt von kristallinen Gebilden, Vesikeln und Granula unterschiedlichster Größe. Gleiche Bläschen und Granula liegen im angrenzenden Darmlumen oder von außen den Mikrovilli auf. Periphere Lysosomen fehlen. Der Golgi-Apparat ist wenig differenziert; geR und reR sowie freie Ribosomen sind selten. Demgegenüber ist das inframikrovilläre Membransystem relativ gut entwickelt. Übergänge ins Darmlumen finden sich allerdings kaum. Diese Situation besteht unverändert bis zum Tode der Rattensäuglinge nach spätestens 2 Wochen. Magen und Darm sind dann völlig frei von Muttermilch. An ihre Stelle tritt eine rotschwarze oder dunkelgelbe Flüssigkeit, begleitet von Hämorrhagiezeichen.

Appliziert man schwangeren Ratten am 13., 14. und 15. ET jeweils 0,1 mg/g KG Cortison, können intestinale Mißbildungen der Embryonen in Form unvollständiger Atresien und Aplasien verbunden mit Lysosomenmangel im Darmepithel resultieren. Erfolgt die Cortisongabe am 19., 20. und 21. Tag der Tragzeit, kann es in den Riesenlysosomen bei der histochemischen Hydrolasenuntersuchung bereits unmittelbar nach der Geburt zum granulären Reaktionsausfall kommen. — Die Nebenniere der Mutter und Säuglinge verhält sich bei der makroskopischen Inspektion unauffällig.

b) Adrenalektomie

Adrenalektomie bei 10 und 15 Tage alten männlichen und weiblichen Säuglingen mit und ohne gleichzeitige Kastration hat bei Untersuchung der Tiere bis zum 19. LT keine Auswirkung auf den histochemischen Nachweis der lysosomalen und mikrovillären Hydrolasen des Dünn- und Dickdarmepithels. Dagegen verzögert sich in der Folgezeit der Untergang der Riesenlysosomen und Aktivitätsabfall der sauren Hydrolasen im distalen Dünndarm und in den Zotten des Colon ascendens um 3—4 Tage (Abb. 61), so daß diese Darmabschnitte erst am 25. oder 26. LT denen erwachsener Tiere gleichen. Adrenalektomie 10 Tage alter Tiere und einmalige Gabe von 0,1 mg/g KG Cortison am gleichen Tag oder 5 Tage nach dem Eingriff führen in beiden Fällen 3—4 Tage später zur Primärreaktion (s. S. 46) ohne Restitution. 20 Tage alte Tiere weisen nach Adrenalektomie im Dünndarm keine histochemischen Veränderungen auf. Adrenalektomie von Muttertieren am 3. Tag der Tragzeit kann bei den Feten am 20. und 21. ET die histochemischen Aktivitäten von sP, β-Glu, N-A-Gase und Lac im Darmepithel reduzieren.

c) Kastration, Geschlechtshormone

Bei Orchiektomie 15 und 21 Tage alter Rattensäuglinge fällt der Nachweis der β-Glu mit 1-Naphthyl- und Naphthol-AS-BI-β-glucuronid nach 2—3 Wochen in den Mikrovilli des oberen Dünndarms positiv aus; die Lysosomen reagieren negativ (Abb. 62). Substitution mit Testosteron schwächen die Bürstensaumreaktion ab. Saccharolacton inhibiert die Reaktion nicht, sondern lediglich die in der Lamina propria. 8 Wochen nach dem Eingriff färbt sich die Mikrovillizone nicht mehr an. Fluorid, Glucono-, Galactono-, N-Acetyl-glucosamino- und N-Acetylgalactosaminolacton beeinflussen die Glucuronid-Spaltung im Bürstensaum nicht. Cystein unterdrückt hier die Hydrolyse künstlicher Glucuronide, aber auch die im zotteneigenen Bindegewebe. Vorbehandlung der Schnitte mit Acetat-Puffer für 30 min bei 37° C schwächt die Reaktion nur geringfügig ab;

die Gewebevorbehandlung hat darauf wenig Einfluß. Bei weiblichen Tieren kommt es lediglich im erwachsenen Darm nach oraler Gabe von Ovulationshemmern zur Umsetzung von 1-Naphthyl- und Naphthol-AS-BI-β-glucuronid in der Mikrovillizone (Gossrau, 1974d). Ansonsten lösen Kastration von Rattensäuglingen mit und ohne Substitution mit gleich- oder gegengeschlechtlichen Hormonen über 1—3 Tage im gesamten Darmepithel innerhalb der ersten 3 Lebenswochen keinerlei sichere Veränderungen aus.

d) Vorzeitiges Abstillen

Bei Entzug der Muttermilch am 14. oder 15. LT und Fütterung von Fest- bzw. Fremdnahrung verhält sich am 19. LT vor allem das Epithel des *distalen* Dünndarms ähnlich wie nach Cortisongabe. Die Riesenlysosomen fehlen. An ihre Stelle sind im basalen Cytoplasma der Saumzellen zahlreiche kleine Lysosomen getreten, die reich an sP, N-A-Gase und β-Glu sind (Abb. 63). Länge, Zahl und Dicke der Villi haben abgenommen; der Darm wirkt dilatiert und atrophisch. Die histochemischen Aktivitäten der aP und Lac haben sich im Bürstensaum nicht geändert. Im *proximalen* Dünndarm ist außer der Lysosomenzahl auch die Aktivität aller lysosomalen Hydrolasen angestiegen. Möglicherweise sind die Lysosomen ebenfalls größer geworden. Zottenatrophien treten weniger auffällig als distal zutage. Das Colonepithel ist unverändert.

e) Karenz

Zwischen dem 2. und 22. LT verändert sich bei Karenz bis zu 3 Tagen im Dünndarm wenig. Im *proximalen* Intestinum ist die Fettverarmung relativ am auffälligsten. Ähnlich ist die Situation im mittleren Dünndarm. Allerdings ist der Fettverlust eher als proximal zu beobachten. *Distal* treten in den Riesenlysosomen spätestens nach 2 Tagen Karenz bei Untersuchung ungefärbter Schnitte in den Riesenlysosomen gelbgrüne Granula auf. Gelegentlich sinkt nach 1 Tag Hungern und Dursten noch die Aktivität der β-Glu in den Riesenlysosomen ab. Außerdem kann ihr Durchmesser reduziert sein. Elektronenmikroskopisch ist es im distalen Dünndarm zur Abnahme von peripheren Lysosomen, inframikrovillärem Membransystem und Golgi-Apparat sowie zur Verkleinerung der Riesenlysosomen gekommen. Die morphologischen und histochemischen Veränderungen, die normalerweise am Ende der 3. Lebenswoche im unteren Dünndarm ablaufen (s. S. 34, 40), werden durch Karenz nicht beeinflußt. — Verzögert man den Beginn des Stillens um 24 Std, fällt im *proximalen Dünndarm* das fehlende Fett und die Abwesenheit von coated vesicles auf. Demgegenüber unterbleibt *distal* oft die Ausbildung von Riesenlysosomen. Es überwiegen im supranucleären Saumzellencytoplasma Gruppen verschieden großer Lysosomen, die kaum verschmelzen und — teilweise zu autophagischen Vacuolen umgewandelt — nadelförmige Kristalle, helle und dunkle Vesikel unterschiedlicher Größe, myelinfigurartige Gebilde und/oder Granula enthalten (Abb. 64). Im Golgi-Feld überwiegen Bläschen. Periphere Lysosomen erscheinen in solchen Enterocyten selten oder gar nicht. Neu sind von einer doppelten Membran umgebene Körper, deren innere mit Ribosomen besetzt ist; ferner osmiophile Lysosomen, die als Abschnürung des eR entstehen und engen Kontakt zu den übrigen Lysosomen aufnehmen. Das inframikrovilläre Membransystem ist dürftig entwickelt. Kommen Riesenlysosomen vor, sind sie klein und infolge der fehlenden Muttermilch-

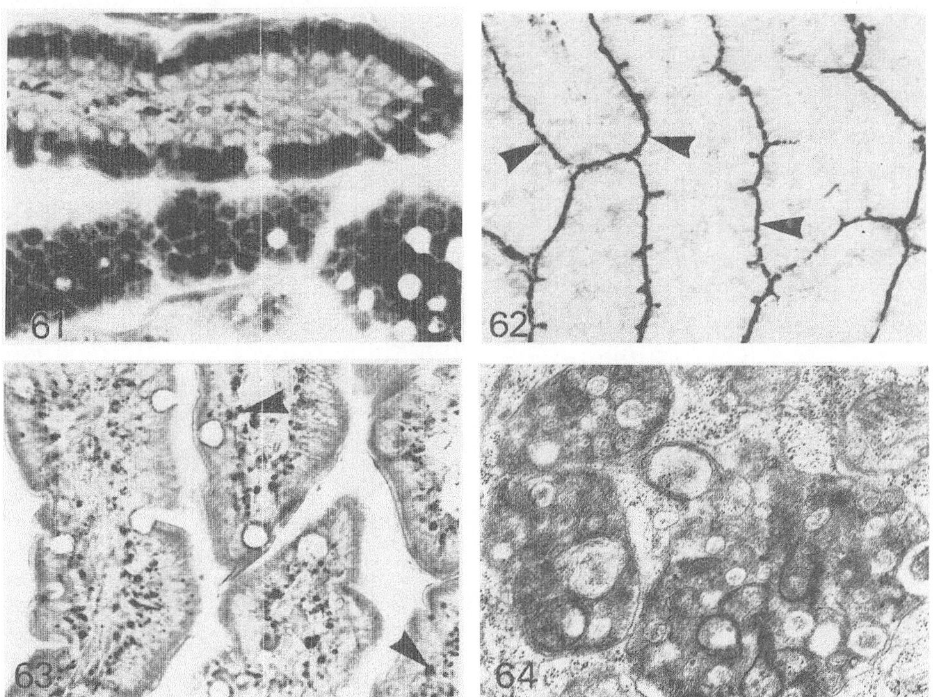

Abb. 61. Rattensäugling, 24. LT, unterer Dünndarm, N-Acetyl-β-glucosaminidase mit 1-Naphthyl-N-acetyl-β-glucosaminid. 10 Tage nach Adrenalektomie existieren noch Riesenlysosomen. Objektiv 25 ×

Abb. 62. Ratte, 30. LT, oberer Dünndarm. 14 Tage nach Orchiektomie reagiert die β-Glucuronidase mit Naphthol-AS-BI-β-glucuronid im Bürstensaum (Pfeile) positiv; in den Lysosomen fehlt das Enzym. Objektiv 25 ×

Abb. 63. Rattensäugling, 18. LT, unterer Dünndarm, N-Acetyl-β-glucosaminidase mit Naphthol-AS-BI-N-acetyl-β-glucosaminid. Vorzeitiges Abstillen ab 13. LT. Statt Riesenlysosomen kommen zahlreiche kleine Lysosomen vor, die vorwiegend im basalen Saumzellencytoplasma (Pfeile) liegen. Objektiv 25 ×

Abb. 64. Rattensäugling, 2. LT, unterer Dünndarm. Bei verzögertem Stillbeginn treten Lysosomen mit polymorphen Binnenstrukturen auf und konfluieren nicht oder kaum. 21 000 ×

bestandteile überall angefüllt mit Vesikeln und Granula, die auch in den wenigen peripheren Lysosomen existieren. — Die Zahl der Saumzellenuntergänge hat im gesamten Darm zugenommen.

f) Fütterungsversuche

Auf das Epithel des *oberen Dünndarms* haben Saccharose, Mannose, Lactose, Melezitose und Melibiose nach vorhergehender Karenz bei 5, 10 und 15 Tage alten Säuglingen keinen Einfluß. Im *mittleren Intestinum* induzieren diese Zucker in den Zotten riesige Vacuolen, die praktisch die gesamte Saumzelle ausfüllen. Die Krypten reagieren nicht. Der Vacuolendurchmesser nimmt im unteren Villusdrittel zottenspitzenwärts zu (Abb. 65). Glucose, Galactose, Trehalose, Maltose, Cellobiose sowie Albumin, A. dest. und Blut lösen im Darmepithel keine Bildung von Vacuolen aus. Der Hauptanteil der Vacuolen liegt apikal im Saumzellencytoplasma; Ausläufer können sich bis neben und unter den Zellkern ausdehnen.

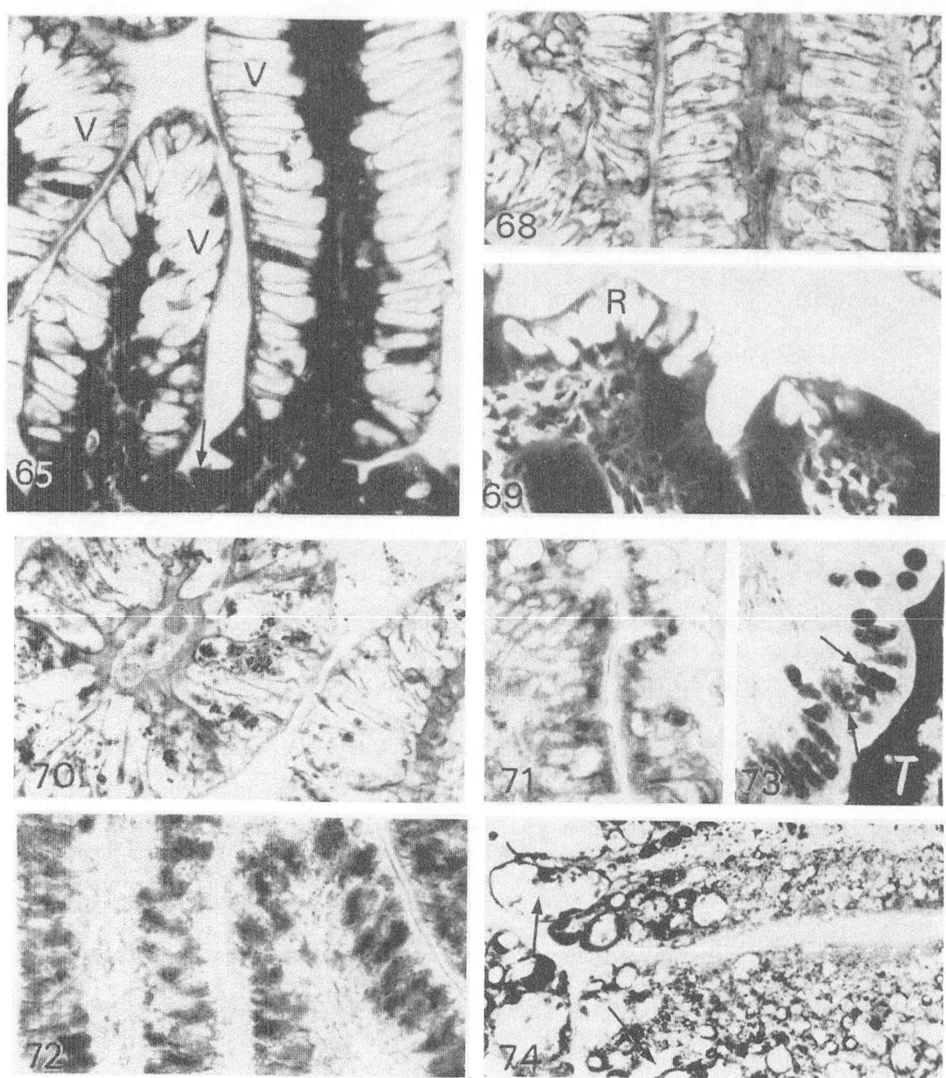

Abb. 65—70. Rattensäugling, 13. LT, Saccharoseapplikation. Abb. 65: Mittlerer Dünndarm, Methylenblau. Induzierte Vacuolen (*V*); die Kryptenzellen (Pfeil) sind vacuolenfrei. Objektiv 25×. Abb. 68: N-Acetyl-β-glucosaminidase. Die Vacuolen sind nahezu frei von Azofarbstoff. Objektiv 25×. Abb. 69: Im Anfangsteil des Colon ascendens reagieren die Riesenlysosomen (*R*) wie im distalen Dünndarm. Objektiv 25×. Abb. 70: In den Riesenlysosomen des unteren Intestinums wird weniger und ausschließlich granulär erscheinendes Reaktionsprodukt beim Nachweis der N-Acetyl-β-glucosaminidase produziert als bei Kontrolltieren. Objektiv 25× Abb. 71—72. Rattensäugling, 17. LT, N-Acetyl-β-glucosaminidase, Beifütterung von Saccharose zur Muttermilch seit dem 10. LT. Abb. 71: Distaler Dünndarm. Die Enzymaktivität hat im Saumepithel verglichen mit gleichalten Kontrolltieren abgenommen. Objektiv 25×.

Abb. 72: Dagegen ist die Aktivität in den Enterocyten des mittleren Intestinums angestiegen. Objektiv 25×

Abb. 73. Rattensäugling, 10. LT, unterer Dünndarm. 3 Std nach Tuschegabe (*T*) ist die β-Glucuronidase-Aktivität in den Riesenlysosomen (Pfeile) abgesunken. Objektiv 25×

Abb. 74. Rattensäugling, 12. LT, oberer Dünndarm, Sudanschwarz. 24 Std nach Tuscheapplikation ohne Karenz liegen im Epithel fettfreie Vacuolen (Pfeile). Objektiv 25×

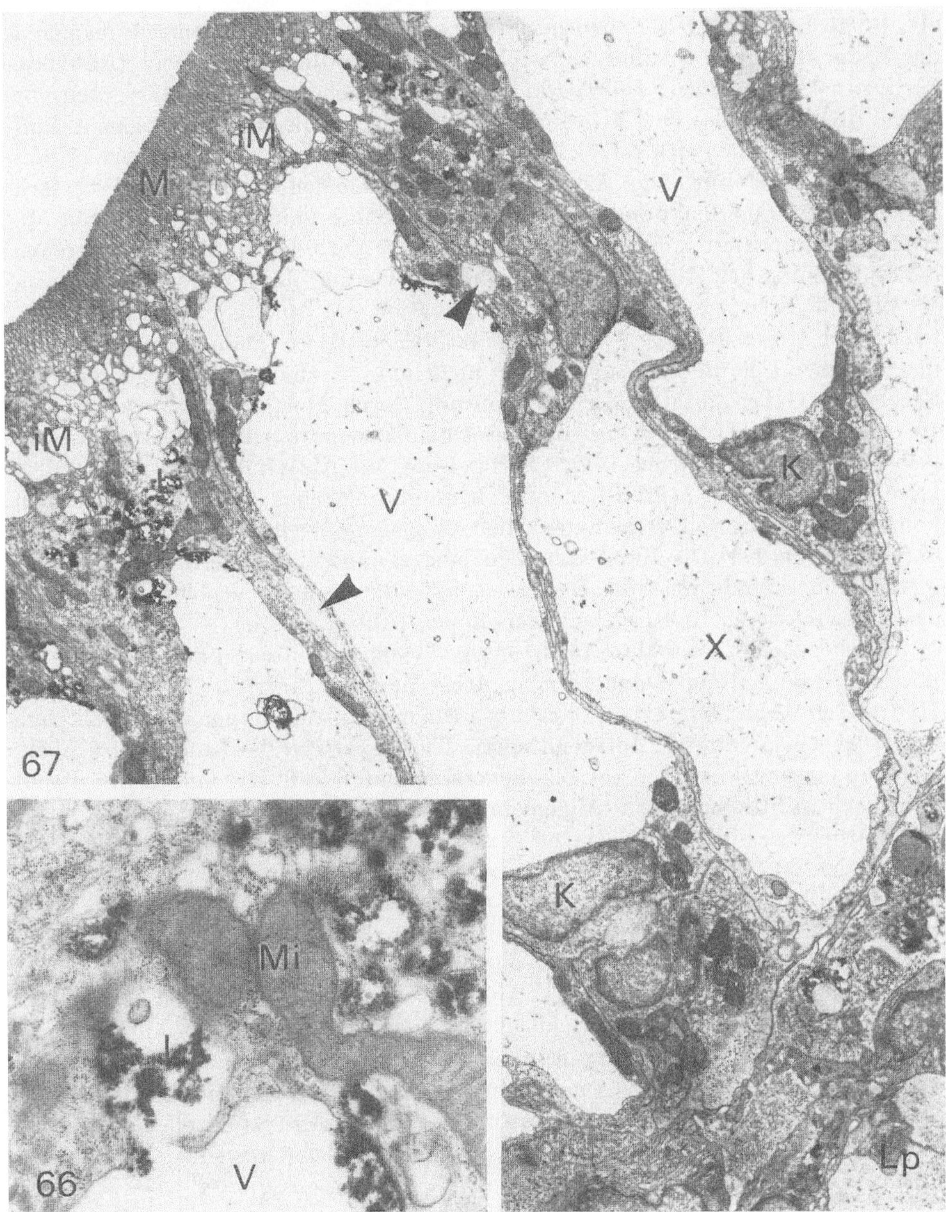

Abb. 66—67. Rattensäugling, 13. LT, mittlerer Dünndarm. Abb. 66: Konfluenz zwischen Lysosomen (*L*) und induzierten Vacuolen (*V*). *Mi* Mitochondrien. 21 000 ×. Abb. 67: Membranbegrenzte durch Lactase induzierte Vacuolen (*V*), die praktisch den gesamten Enterocyten ausfüllen und in manchen Zellen (Kreuz) auch infranucleär liegen können. *iM* inframikrovilläres Membransystem, Pfeile Fett im Intercellularspalt, *K* Zellkern, *Lp* Lamina propria, *M* Mikrovilli, *L* Lysosomen. 4500 ×

Die Vacuolen umgibt eine einfache Membran; stellenweise kommt es zur Konfluenz mit präexistenten Lysosomen (Abb. 66). Zwischen Vacuolen, Plasmalemm und Kern der Saumzellen bleibt ein schmaler Bezirk übrig, in dem Mitochondrien, eR, Golgi-Anteile und Bläschen liegen (Abb. 67). Enzymhistochemisch reagieren die Vacuolen mit Ausnahme schwach aktiver Randbezirke negativ (Abb. 68). Im Epithel von *distalem Dünndarm* und Colon ascendens (Abb. 69) werden vor allem durch Saccharose, Melezitose und Melibiose die Riesenlysosomen umgeformt und dehnen sich jetzt gleichfalls bis ins para- und infranucleäre Saumzellencytoplasma aus. Die Aktivität aller lysosomalen Hydrolasen hat stark abgenommen; das Reaktionsprodukt ist ausschließlich granulär verteilt (Abb. 70). Keine der applizierten Substanzen beschleunigt bei ungestillten Neugeborenen die Entstehung der Riesenlysosomen und Aktivierung ihrer sauren Hydrolasen.

Wird 3 Tage vor der Saccharoseapplikation am 10. LT Cortison gegeben, fehlen bei Untersuchung 3—4 Std später im mittleren Dünndarm Vacuolen; distal formen sich die Riesenlysosomen nicht um. — Andere Wirkungen erzielen Saccharose-Gaben zusätzlich zur Ernährung durch Muttermilch zwischen dem 10. und 18. LT. Dann ist im distalen Dünndarmepithel die Zahl der Riesenlysosomen zurückgegangen, in den verbliebenen die Aktivität der sauren Hydrolasen. Die Reaktion fällt diffus oder klein-granulär aus (Abb. 71). Außerdem können basal und apikal im Saumzellencytoplasma vermehrt kleine Lysosomen dargestellt werden. Die Bürstensaumenzyme aP und Lac ändern ihre Aktivität nicht. Demgegenüber hat die Hydrolasenaktivität in den Vacuolen der Enterocyten des mittleren Intestinums zugenommen (Abb. 72).

Tuschegabe im Anschluß an 3stündige Karenz resultiert nach 3—5 Std im mittleren und unteren Dünndarm zunächst nur die Aktivität der lysosomalen Hydrolasen (Abb. 73); evtl. resultiert noch eine intralysosomale Granulierung des Reaktionsproduktes. Intraepitheliale Tuschepartikel beobachten wir höchstens andeutungsweise. — Bei Tuscheverabfolgung am 8. LT ohne Karenz sieht man nach 24 Std bei bestem Allgemeinzustand der Säuglinge lichtmikroskopisch im Epithel des oberen Dünndarms eine massive Vacuolisierung. Die Vacuolen färben sich mit Sudanschwarz nicht an, sind aber von einem fetthaltigen Saum umgeben (Abb. 74) und reagieren bei der enzymhistochemischen Untersuchung negativ. Im Epithel des mittleren und distalen Intestinums kommen Vacuolen bzw. umgeformte Riesenlysosomen vor (s.o.). Sie verfügen im mittleren Dünndarm über saure Hydrolasen (vgl. Abb. 72). In den umgestalteten Riesenlysosomen ist die Aktivität der Glykosidasen und Phosphatasen merklich zurückgegangen. 48 Std nach Tusche-Applikation hat sich die Situation im distalen Dünndarm nicht geändert. Im Epithel des mittleren Intestinums fehlen die Vacuolen. An ihrer Stelle kommen im apikalen und basalen Saumzellencytoplasma runde Lysosomen vor, die reich an sP, β-Glu und N-A-Gase sind.

Diskussion

Unsere Untersuchung zeigt, daß für die Entwicklung des Darmepithels die Lysosomen eine wichtige Rolle spielen. Wir unterscheiden 3 Phasen zwischen dem 15. ET und 23. LT: 1. *pränatale Phase* (zur Vorbereitung auf die postnatale Tätigkeit; 15. ET—1. LT), in der das Darmepithel zunächst proliferiert, dann bis auf die basalen Zellagen untergeht, sich zum definitiven Resorptionsepithel unter gleichzeitiger Zottenentstehung differenziert und regionale Unterschiede zwischen oberem und unterem Dünndarm ausbildet. 2. Die 1. *postnatale Phase* (Säuglingsphase; 1.—23. LT), während der die Enterocyten Bestandteile der

Muttermilch resorbieren, spalten und/oder durchschleusen und 3. die *2. postnatale Phase* (Rückbildungsphase; 17.—23. LT), nach deren Abschluß die regionalen Differenzen zwischen dem Saumepithel des proximalen und distalen Dünndarms vor allem morphologisch weitgehend verschwunden sind. Sämtliche Phasen gehen fließend ineinander über. Die Regulation aller Prozesse erfolgt endo- und exogen.

1. Pränatale Phase

Proliferation. Nicht alle Vorgänge der 1. Entwicklungsphase stehen in Zusammenhang mit Änderungen der Lysosomen und ihrer Enzyme. Die am Anfang dieser Phase ablaufende Proliferation des zunächst einschichtigen Darmepithels und sein passagerer Übergang in den mehrreihigen Zustand innerhalb von 2 bis 3 Tagen vollzieht sich praktisch ohne die Beteiligung von Lysosomen und lysosomalen Hydrolasen (Behnke, 1963a, b; Dunn, 1967; Hayward, 1967b; Hugon und Borgers, 1969; Vollrath, 1969; Williams und Beck, 1969a; Shervey, 1973). Die eigentliche Ursache für den Beginn der Proliferation bleibt offen.

Regression und Zottenbildung. Demgegenüber kann die auf die Proliferation folgende Regression bzw. Umwandlung des mehrreihigen primitiven Embryonal- zum definitiven Resorptionsepithel und die damit verbundene Zottenbildung nur mit Hilfe der vor allem *lumennahe* im Epithel gelegenen Lysosomen und ihrer sauren Hydrolasen bewerkstelligt werden (vgl. Novikoff, 1960, 1961; Weber, 1966, 1967, 1969; Brandes *et al.*, 1965; Beaulaton und Lockshin, 1973; Lockshin und Beaulaton, 1974; Kristić und Pexieder, 1974); denn mit Beginn des 16. ET erscheinen immer dort vermehrt Lysosomen, wo Epithelzellen absterben. Da die ersten Nekrosen stets oberflächlich im Epithel auftreten, d.h. in den Zellen, die am weitesten von Blutgefäßen entfernt liegen, könnten Ernährungsstörungen (Sauerstoff-, Substratmangel) den Tod der Epithelzellen zumindest beschleunigen; der die Regression letztlich auslösende Faktor dürfte genetischer Natur sein (Wendler, 1972).

Im Mittelpunkt der Umwandlung des mehrreihigen Darmepithels stehen Zelluntergänge („histogenetische Degeneration"; Glücksmann, 1930, 1934, 1951, 1965). Hierbei überwiegen autophagische Prozesse (Clark, 1957; Bellairs, 1961; Cohen, 1961; Behnke, 1963a, b; Saunders, 1966; Ericsson, 1969a, b, c; Pfeifer, 1971), die immer zum völligen Untergang der betroffenen Epithelzellen führen. Niemals beobachtet man Zellen im Epithel, die zwar autophagische Vacuolen besitzen, aber überleben und auch noch postnatal als Enterocyten resorptiv tätig sind. Der Untergang der Epithelzellen deutet sich schon während der Proliferation am 15. ET an, indem zunächst im Cytoplasma lumennahe, später auch in den darunter gelegenen Epithelzellen vermehrt vesikel-haltige Vacuolen vorkommen. Über ihre Herkunft können wir keine eindeutigen Angaben machen; zumal Verbindungen zum Golgi-Apparat und endoplasmatischen Reticulum fehlen. Vorstellbar wäre noch, daß es sich um Derivate des Plasmalemms handelt, da die Vacuolen stets gehäuft in seiner Nähe zu finden sind (Behnke, 1963b). Hierfür würde auch sprechen, daß die Vacuolen anfänglich keine Enzymaktivität besitzen. Durch Konfluenz mit primären Lysosomen als Abschnürungen endoplasmatischer Cisternen (Novikoff *et al.*, 1961, 1964; Brandes, 1965; Cook, 1973) würden aus ihnen Lysosomen und in dem Augenblick, in dem Zellbestandteile darin existieren, autophagische Vacuolen. Auf welche Weise sich die weitere Größenzunahme der Autolysosomen abspielt, z.B. durch Einbau schon vorhandener und/oder Bildung neuer Membranen kann mit unseren Befunden nicht entschieden werden. So konfluieren die vesikelhaltigen Vacuolen nicht allein zu Autolysosomen, sondern treten auch als Inhalt autophagischer Vacuolen auf. In Frage käme noch eine Vergrößerung durch Verschmelzung und Umformung präexistenter Membranen in Form von Bläschenketten (Behnke, 1963b). Aber auch die von Pfeifer (1971) diskutierte Möglichkeit einer de novo-Synthese von Membranmaterial zur Vergrößerung der Autolysosomen ist nicht auszuschließen. Dieses Problem müssen weitere Untersuchungen klären (Michaels *et al.*, 1971), ebenso die damit eng zusammenhängende Frage, wie die Zellbestandteile letztlich in das Lysosomeninnere hineingelangen.

Tatsache bleibt, daß die autophagischen Vacuolen mit fortschreitender Pränatalentwicklung größer werden, nahezu überall im mehrreihigen Epithel auftauchen und vermehrt saure Hydrolasen in ihnen auftreten. Eine Ausnahme machen regelmäßig die äußersten (basalen) Zellagen; sie sind stets vacuolenfrei. Parallel zur Vergrößerung der Autolysosomen und Aktivitätssteigerung ihrer Enzyme werden die zugehörigen Epithelzellen kleiner, lösen sich voneinander und können am Ende ganz von autophagischen Vacuolen ausgefüllt sein, die schließlich offenbar unter Beteiligung der sauren Hydrolasen zerfallen (Tappel, 1969). Hierdurch resultieren Spalten bzw. Einbuchtungen und Löcher im mehrreihigen Epithel; seine Oberfläche wird vergrößert und primitive, nur aus Epithelzellen aufgebaute Zotten (Primärzotten) sind entstanden (Patzelt, 1936; Kammeraad, 1942; Vollrath, 1969). Erst danach sproßt gefäßhaltiges Mesenchym in die Primärzotten ein und es bilden sich die endgültigen Zotten (Sekundärzotten).

Eine andere Frage ist die nach dem Schicksal der autophagischen Vacuolen. Möglich wäre, daß das darin vorhandene Zellmaterial soweit von den lysosomalen Enzymen gespalten wird, daß es vom zurückbleibenden Epithel reutilisiert werden und es mit ernähren kann (Glücksmann, 1934, 1965; Okada und Waddington, 1959; Waddington und Okada, 1960; Ashford und Porter, 1962; Saunders *et al.*, 1962; Gallassi, 1967). In der Nachbarschaft abgestorbener Epithelzellen liegen stets solche mit Pino- und Mikropinocytosebläschen, deren Inhalt an den im Lumen zurückbleibenden Zelldetritus erinnert. Phagocytose im Epithel haben wir dagegen niemals gefunden. Verglichen mit den lysosomalen Enzymaktivitäten, die postnatal für die Spaltung von Bestandteilen der Muttermilch beobachtet wurden, benötigen die Autophagie- bzw. Umwandlungsprozesse im pränatalen Darmepithel nur schwach aktive saure Hydrolasen. — Nicht zu verwechseln sind die autophagischen Vacuolen mit den sog. Meconiumkörperchen im Dünndarm menschlicher Feten. Hierbei handelt es sich um große Lysosomen im Resorptionsepithel nach vollzogener Zottenbildung. Funktionell bauen sie vermutlich aus dem Darmlumen aufgenommene Meconiumbestandteile ab (Andersen *et al.*, 1964; Bierring *et al.*, 1964; Kelley, 1973; vgl. aber Schmidt, 1967, 1971a, b).

Anders als die mehr lumennahe im mehrreihigen Darmepithel lokalisierten und ausschließlich pränatal wichtigen, haben die *basalen Lysosomen* in der äußersten Zellage für die vorgeburtlichen Regressions- und Differenzierungsvorgänge im Darmepithel untergeordnete Bedeutung. Aus ihnen dürften vielmehr die ersten Riesenlysosomen hervorgehen. Erstmalig lassen sich basale Lysosomen am 15. ET nachweisen. Sie entstehen als osmiophile Abschnürungen glatter endoplasmatischer Cisternen allein im basalen Cytoplasma (Dunn, 1967; Hayward, 1967b) und verfügen sofort über aktive saure β-Galactosidase. Im Gebiet des Golgi-

Apparates finden sich keine Hinweise auf eine Bildung von Lysosomen (Hugon und Borgers, 1969; Vollrath, 1969). Ebensowenig existieren in unserem Material Befunde, wonach das basale Plasmalemm des fetalen Darmepithels als Lysosomenlieferant fungiert (Vollrath, 1968).

Am 15. ET ist allein die saure β-Galactosidase sicher in den Lysosomen nachweisbar; die übrigen sauren Hydrolasen lassen sich in einer bestimmten zeitlichen Reihenfolge erst später intralysosomal darstellen. Eine Erklärungsmöglichkeit hierfür könnte die sukzedane Aktivierung der verschiedenen lysosomalen Enzyme sein. Gegen diese Vorstellung spricht die Abhängigkeit der erzielten Resultate von den jeweiligen histochemischen Methoden. So tritt die β-Galactosidase lediglich mit Indolyl-β-galactosid als erstes Enzym am 15. ET intralysosomal im pränatalen Darmepithel auf, bei Darstellung mit dem β-Fucosid als spezifischem Substratrest dagegen am 16. ET und mit der 1-Naphthyl- und Naphthol-AS-Reaktion sogar später als die saure Phosphatase und N-Acetyl-β-glucosaminidase auf. Weiterhin fällt der Nachweis der sauren Phosphatase mit der simultanen Azokupplung schon am 16., mit der Schwermetallmethode bei Verwendung von Cytidinmonophosphat am 17. ET und mit β-Glycerophosphat im Gomori-Medium erst einen Tag später positiv aus. Die N-Acetyl-β-glucosaminidase reagiert zeitlich unabhängig vom gewählten Substrat, während die β-Glucuronidase sich in den Lysosomen mit Naphthol-AS-BI-β-glucuronid eher als mit dem 1-Naphthylderivat fassen läßt. Bestimmungen der Michaelis-Konstanten und maximalen Reaktionsgeschwindigkeiten mit 4-CI-5-Br-Indolyl- und 1-Naphthyl-β-galactosid ergeben, daß in guter Übereinstimmung mit den Befunden *in situ* das Indolylderivat von der β-Galactosidase in pränatalen Darmhomogenaten schneller als der 1-Naphthylabkömmling, Naphthol-AS-BI- und 1-Naphthyl-N-acetyl-β-glucosaminid jedoch von der Glucosaminidase etwa in gleichem Umfang gespalten wird und die Hydrolyse von Naphthol-AS-BI-β-glucuronid die 1-Naphthylverbindung durch die β-Glucuronidase übertrifft (Gossrau, 1974d; vgl. Lojda *et al.*, 1973). Dennoch läßt sich eine sukzedane Aktivierung für die lysosomalen Hydrolasen des pränatalen im Gegensatz zu denen des postnatalen Darmepithels nicht völlig von der Hand weisen.

Für die abweichenden Spaltungsraten durch die einzelnen Hydrolasen können — wie das Beispiel der sauren β-Galactosidase demonstriert — der spezifische und unspezifische Substratrest verantwortlich sein. Denn zum einen greift das Enzym verglichen mit dem β-Fucosid bevorzugt Indolyl-β-galactosid an (Lojda *et al.*, 1973); zum anderen wird von der β-Galactosidase unter den 3 benutzten künstlichen β-Galactosiden das Indolylderivat am schnellsten gespalten, gefolgt von 1-Naphthyl- und Naphthol-AS-BI-β-galactosid. Unwahrscheinlich ist, daß verschiedene Penetrationsraten der eingesetzten Substrate durch die Lysosomenmembran (Lucy, 1969) den abweichenden Reaktionsausfall bedingen, da z.B. Indolyl-, Glycerin-, 1-Naphthyl- und Naphthol-AS-Derivate zum gleichen Zeitpunkt intralysosomal umgesetzt werden.

Im basalen Cytoplasma verbleiben die Lysosomen der äußersten Epithellagen nur, solange definitive Zotten fehlen; die Aktivität ihrer sauren Hydrolasen steigt kaum an und ist insgesamt niedrig (15.—18. ET). Mit dem Einsprossen von gefäßführendem Mesenchym in das Epithel und der Entstehung der endgültigen Zotten ab 19. ET kommt es zur Vermehrung und Verlagerung der Lysosomen ins apikale Saumzellencytoplasma bei gleichzeitiger Aktivierung ihrer sauren Hydrolasen. Offenbar bestehen zwischen Lysosomen bzw. lysosomalen

Hydrolasen und Zottenbildung enge Beziehungen. Eine Verlagerung der Lysosomen vom basalen ins lumenwärtige Saumzellencytoplasma ist deshalb nötig, weil apikal aus Golgi-Apparat und/oder endoplasmatischem Reticulum vor der Geburt praktisch keine Lysosomen entstehen (Dunn, 1967; Hayward, 1967 b; Vollrath, 1969; Hugon und Borgers, 1969; Shervey, 1973). Am 20. sowie 21. ET findet sich eine erneute und massive Zunahme von Lysosomen und Hydrolasenaktivität im Darmepithel. Dies könnte u.a. auf einem Induktionseffekt von Substanzen beruhen, die zu diesem Zeitpunkt über das Fruchtwasser ins Darmlumen gelangen (Brambell, 1958; Brambell *et al.*, 1958; Mayersbach, 1958; Brambell und Halliday, 1959; Schmidt, 1967; Williams und Beck, 1969 a; Vollrath, 1969; Orlic und Lev, 1973; Wild, 1973). Der verzögerte oder fehlende Anstieg von Lysosomenzahl und Hydrolasenaktivität nach Adrenalektomie der Muttertiere am Beginn der Schwangerschaft läßt außerdem daran denken, daß die Nebenniere bereits in dieser frühen Phase der Entwicklung das Darmepithel mit reguliert. Für die Bürstensaumenzyme ist dies bereits gesichert (Hébert, 1950; Moog und Richardson, 1955; Ross und Goldsmith, 1955; Yakaitish und Wells, 1956; Hijmans und McCarty, 1966).

Der letzte Abschnitt der 1. Entwicklungsphase ist durch das Auftreten von regionalen Unterschieden und dadurch gekennzeichnet, daß die Differenzierung des proximalen Dünndarmepithels früher erfolgt als des distalen. Und zwar kommt es beginnend am 20. ET zu einem Anstieg der mikrovillären Hydrolasen vor allem im oberen, die Lysosomen und ihre Hydrolasenaktivität nehmen dagegen bevorzugt im Epithel des unteren Dünndarms zu. Zur Erklärung dieses Phänomen tragen teilweise unsere Befunde an neugeborenen ungestillten und von der Mutter für 12—24 Std getrennten Säuglinge sowie unsere Fütterungsversuche bei. Sie machen klar, daß für den Abschluß der 1. Entwicklungsphase Bestandteile der Muttermilch zumindest mitverantwortlich sind (v. Möllendorf, 1925; Graney, 1968; Cornell und Padykula, 1969).

Regionale Unterschiede. Bei verzögertem Stillbeginn vermißt man im unteren Dünndarm die weitere Konfluenz der apikalen Lysosomen bzw. die Entstehung typischer Riesenlysosomen; außerdem vermehrt sich das inframikrovilläre Membransystem nicht mehr. Ursache hierfür dürften in erster Linie die fehlenden Kohlenhydrate sein; denn aus den Fütterungsversuchen geht hervor, daß die Lactose oder Mannose der Muttermilch (Ling *et al.*, 1961) an der Ausformung der ersten Riesenlysosomen bzw. der Entstehung regionaler Unterschiede im Dünndarm beteiligt sind. Voraussetzung wäre, daß Lactose ungespalten durch den mäßig lactase-aktiven distalen Bürstensaum hindurchgelangt, da die Lactosebausteine Glucose und Galactose keine klare Verschmelzung der Lysosomen im unteren Darmepithel bewirken (Clark, 1959). Letztlich handelt es sich aber um einen unspezifischen Effekt, weil auch die in der Muttermilch nicht vorhandene Saccharose (Clark, 1959), Melezitose und Melibiose Lysosomen induzieren können. Ferner ist die Konzentration der applizierten Zuckerlösung zu bedenken, die vermutlich über den physiologischen Kohlenhydratmengen im Darmlumen liegen. Immerhin sind wir sicher, daß Fette keine Rolle spielen, da diese in der Regel von den Saumzellen des proximalen Intestinums resorbiert werden. Unklarheit besteht hinsichtlich der Bedeutung der Proteine. Obgleich wir gefunden haben, daß in der Stillperiode Eiweiß hauptsächlich im distalen Dünndarm aufgenommen wird, induziert bei ungestillten Neugeborenen peroral verabfolgtes Albumin keine Lysosomenkonfluenz. Ganz unklar ist, ob die Spurenstoffe in der Muttermilch hier einen Effekt ausüben. Insgesamt können wir nur vermuten, welche Substanzen in der Muttermilch für die endgültige Ausformung der Riesenlysosomen sorgen. Sicher ist dagegen, daß Muttermilchbestandteile die weitere und maximale Aktivierung der lysosomalen Hydrolasen bedingen, da es bei verspätetem Stillbeginn zu einer Verzögerung des Aktivitätsanstieges kommt; die mikrovillären Hydrolasen werden nicht von der Muttermilch beeinflußt. Bleibt der Reiz durch die Muttermilch aus, betätigen sich die Lyssoomen vor allem autophagisch (vgl. Bowen, 1968), indem sie Cytoplasmabestandteile inkorporieren und abbauen, wobei zusätzlich primäre, vom endoplasmatischen Reticulum abgeschnürte Lysosomen mithelfen.

Demgegenüber reagieren die Saumzellen des proximalen Dünndarms auf die ausbleibende Muttermilch weniger auffällig. Lediglich das inframikrovilläre Membransystem ist vorerst erhalten oder nimmt sogar ab (vgl. Staley *et al.*, 1968; Hugon, 1970). Induktionseffekte auf Enzyme fehlen. Warum im Epithel des oberen Intestinums keine Riesenlysosomen entstehen, kann unsere Untersuchung um so weniger beantworten als die Krypten- und Saumzellen überall im Dünndarm über Golgi-Apparat und endoplasmatisches Reticulum verfügen, die aber allein im Epithel des unteren Intestinums das Membranmaterial für die Riesenlysosomen liefern. Außerdem besitzen wenigstens die Enterocyten des Neugeborenen im gesamten Intestinum apikale Lysosomenansammlungen sowie ein inframikrovilläres Membransystem. Dennoch differenzieren sich beide nur distal in den Saumzellen weiter. Daß hier ebenfalls den Bestandteilen der Muttermilch keine entscheidende Rolle zufällt, geht schon daraus hervor, daß der Großteil der Milchproteine den proximalen Dünndarm wirkungslos passiert und distal aufgenommen wird, Zucker lediglich im unteren und mittleren Dünndarmepithel Riesenlysosomen induzieren und Fette grundsätzlich auch distal vom Intestinalepithel aufgenommen werden (Cornell und Padykula, 1969). — Das Epithel des mittleren Dünndarms nimmt eine Sonderstellung ein, insofern hier normalerweise Fett resorbiert wird, unter experimentellen Bedingungen jedoch anders als im proximalen Intestinum Vacuolen (Clark, 1959) und Riesenlysosomen ausgebildet werden.

Zeitabhängige Differenzierung. Nach dem Beginn des Stillens bietet das Epithel des oberen Intestinums immer wesentlich eher das für die ersten 3 Lebenswochen typische Bild als das im unteren (v. Möllendorf, 1925; Graney, 1968; Shervey, 1973). Die Tatsache, daß die Muttermilch zunächst den oberen Dünndarm und erst danach den distalen erreicht, erklärt diese zeitlichen Diskrepanzen unzureichend. Zum Beispiel beschleunigen experimentell verabfolgte Zucker und Proteine, die schon vor der normalen Ankunft von Muttermilch im Darmlumen vorhanden sind, die Ausdifferenzierung der Saumzellen des unteren Intestinums nicht. Möglicherweise ist die langsamere Ausdifferenzierung darauf zurückzuführen, daß die Resorption und Spaltung von Proteinen in den Enterocyten des distalen Intestinums an Enzyme und Organellen gebunden ist, deren volle Aktivierung bzw. Ausbildung einige Zeit in Anspruch nimmt. Demgegenüber ist die Fettaufnahme im oberen Dünndarm ein weitgehend passiver Vorgang, der schnell seinen Höhepunkt erreicht. Erst am 2. LT existieren distal im Saumepithel typische Riesenlysosomen (Shervey, 1973), die Aktivität der lysosomalen Hydrolasen steigt sogar noch länger an (Koldovsky *et al.*, 1961, 1966; Heringova *et al.*, 1965; Koldovsky und Chytil, 1965; Cornell und Padykula, 1969). Ab dem 5. LT ist das untere Darmepithel voll funktionstüchtig.

Ein gesondertes Problem ist, daß die zweite Generation der postnatalen Riesenlysosomen anders als die erste und schon vor der Geburt angelegte, ausschließlich im apikalen Saumzellencytoplasma gebildet wird. Denkbar wäre, daß Golgi-Apparat und endoplasmatisches Reticulum in den Enterocyten des Neugeborenen nicht sofort in der Lage sind, Riesenlysosomen zu produzieren, sondern hierzu eine gewisse Zeit benötigen. Zwischenzeitlich könnten die präexistenten Riesenlysosomen dafür sorgen, daß trotzdem lebenswichtige Proteine aufgenommen werden, d.h. im distalen Dünndarm wären die Saumzellen des mittleren und oberen Zottendrittels in der Lage, Muttermilchbestandteile zu resorbieren und zu spalten, während im apikalen Cytoplasma der aus den Krypten nachfolgenden Enterocyten die zweite Riesenlysosomengeneration heranwächst. Verglichen mit den pränatal angelegten Riesenlysosomen handelt es sich bei der Genese der postnatalen jedoch um keinen prinzipiell anderen Mechanismus; denn in beiden Fällen sind wenigstens die Cisternen des endoplasmatischen Reticulums die Vorläufer der Riesenlysosomen. Der Golgi-Apparat beteiligt sich eindeutig nur an der Bildung der zweiten und endgültigen Riesenlysosomengeneration (Cornell und Padykula, 1969; vgl. Moe *et al.*, 1965).

Zusammengenommen müssen wir feststellen, daß in der 1. Entwicklungsphase offenbar endogene Steuermechanismen das Übergewicht haben, exogene können höchstens modulierend eingreifen.

2. Erste postnatale Phase

In dieser Phase der Darmepithelentwicklung erfolgt die Resorption und Spaltung von Bestandteilen der Muttermilch. In den Saumzellen des proximalen Dünndarms steht die Aufnahme von Fett im Vordergrund und möglicherweise die von Immunglobulinen, im distalen die unspezifische Resorption von Proteinen. Einfache Kohlenhydrate werden bevorzugt, aber nicht ausschließlich im proximalen Dünndarm aufgenommen; auch das mittlere und untere Intestinum sind dazu in der Lage.

Oberer Dünndarm. An der Inkorporation von Fetten im oberen Dünndarm (Johnston, 1963, 1968; Strauss, 1968) sind grundsätzlich alle Saumzellen unabhängig von ihrer Lage an den Zotten beteiligt. Die Enterocyten befinden sich aber in ein und demselben Villus in verschiedenen Stadien der Fettaufnahme, und offenbar sind immer mehrere Enterocyten zu funktionellen Gruppen zusammengefaßt (Sibalin und Björkman, 1966). Diesen Eindruck gewinnt man auch bei einem Vergleich der Zotten miteinander, so daß für Saumzellen und Villi bei der Fettaufnahme an einen Wechsel zwischen Arbeits- und Ruhepause zu denken ist. Zum Problem des Einschleusungsmechanismus der Fettsubstanzen aus dem Darmlumen in die Enterocyten tragen unsere Befunde wenig bei. Angesichts der im Vergleich zu erwachsenen Ratten fehlenden oder nur niedrigen Lipaseaktivität und geringen Gallensäuremengen im Darmlumen während der ersten 2—3 Lebenswochen kommt der intraluminalen Spaltung von Fetten vermutlich keine nennenswerte Bedeutung zu (Koldovsky *et al.*, 1963, 1966; Laws und Moore, 1963; Rokos *et al.*, 1963; Deren, 1968; Koldovsky, 1969), so daß die Hauptmasse der Milchfette weitgehend unverändert in die Saumzellen hineingelangen dürfte. Unsere Beobachtungen bestätigen, daß im Gegensatz zu früheren und an erwachsenen Tieren erhobenen Befunden (Palay und Karlin, 1959; Ladman *et al.*, 1963; Parsons, 1963; Palay und Revel, 1964) auch während der Säuglingsphase die Fetteinschleusung nicht oder nur in geringem Maße durch Pino- oder Mikropinocytose geschieht (vgl. Hogben, 1960; Laster und Ingelfinger, 1961; Hofmann und Borgström, 1962; Lacy und Taylor, 1962; Ashworth und Johnston, 1963; Onoé und Ohno, 1963; Sjöstrand, 1963; Wilson, 1962; Senior, 1964; Dermer, 1967; Sjöstrand und Borgström, 1967; Porter, 1969; Jersild und Clayton, 1971). Elektronenmikroskopisch faßbares Fett sehen wir proximal auf der Darmlumenseite lediglich zwischen, in und am Grund der Mikrovilli, nicht aber in Invaginationen, von denen sich fetthaltige Vesikel abschnüren und ins Enterocyteninnere übertreten. Intraepithelial kommt Fett erstmals unterhalb des terminalen Netzwerkes vor, wogegen die Zone zwischen ihm und den Mikrovilli praktisch frei davon ist (Rostgaard und Barnett, 1965). Bei einer Fettaufnahme durch Membranvesikulation müßten zu irgendeinem Zeitpunkt auch unmittelbar inframikrovillär membranbegrenzte Fettröpfchen vorhanden sein, außerdem eine Zunahme von Membranvaginationen (Ceurremans, 1971). Für eine Fettresorption ohne Vesikel spricht auch, daß in den Enterocyten riesige Lipidmengen bei geringer Zahl mikropinocytotischer Bläschen vorkommen. Möglich wäre zwar, daß das Fett relativ langsam aufgenommen, in den Saumzellen akkumuliert und danach verzögert freigesetzt wird (Staley *et al.*, 1968). Andererseits entsteht aber vor allem im Anschluß an Karenz bzw. nach erneuter Milchzufuhr oder bei Neugeborenen unmittelbar nach Stillbeginn der Eindruck, daß das angebotene Fett die Saumzellen förmlich überschwemmt (Jersild, 1966; Sibalin und Björkman, 1966). Insgesamt sind die morphologischen Vorgänge bei der Fettaufnahme im postnatalen Darmepithel nach wie vor nicht völlig abgeklärt. Lysosomen dürften dabei keine entscheidende Rolle spielen. Bestätigen können wir, daß das inkorporierte Fett zunächst im rauhen und glatten endoplasmatischen Reticulum (Cardell *et al.*, 1967), dann im Golgi-Apparat (Adamstone, 1959; Odledzka-Slotwinska und Desmet, 1971) und schließlich im lateralen und basalen Extracellulärraum erscheint. Offen bleibt, ob immer der Weg über beide Membransysteme gegangen werden muß, bevor das Fett nach außen abgegeben wird (Ceurremans, 1971).

Bei extremer Anhäufung von Fett in den Sammelzellen verkürzen sich die Mikrovilli und nehmen ab; ihr Plasmalemm wird in das des Zelleibes einbezogen und verbraucht sich. Gleichzeitig gewinnen die Enterocyten an Höhe ohne nennenswert an Breite zu verlieren, und weisen keinerlei Mauserungszeichen auf. In dem Maße, in dem das Fett die Saumzellen lateral und basal verläßt, werden die noch vorhandenen Mikrovilli wieder länger oder entstehen neu. Dies deutet einmal darauf hin, daß die Enterocyten in einem offenbar reversiblen Prozeß mit Hilfe der Mikrovilli im Bedarfsfall beträchtliche Volumenschwankungen durchmachen und sich trotz inniger Verzahnung an der lateralen Oberfläche relativ plastisch verhalten können. Zum anderen geht daraus hervor, daß die betroffenen Mikrovilli eher als Oberflächenvergrößerungen aufzufassen sind, die in gewissen Grenzen auf- und abgebaut werden können (Follet und Goldman, 1970). Damit stellt sich die Frage nach der Entstehung der Mikrovilli. Das Problem lösen unsere Resultate nicht, werfen aber — zumindest was den Darm betrifft — einige Zweifel an den bisher vorliegenden Anschauungen über ihren Entstehungsmechanismus auf. Danach sollen entweder senkrecht zur Enterocytenoberfläche angeordnete Vesikelketten mit dem apikalen Plasmalemm und untereinander verschmelzen, sich anschließend auflösen und so die Invagination zwischen den Mikrovilli bilden (Bonneville und Weinstock, 1970; vgl. Röhlich,

1962) oder vom Golgi-Apparat produzierte sog. Promikrovilli die Vorläufer der eigentlichen Mikrovilli darstellen (Vollrath, 1971). Für beide Mechanismen finden wir nach der Geburt im Dünndarm keine Anhaltspunkte, wogegen pränatal der Vesikelmechanismus für die Mikrovillidifferenzierung nicht völlig auszuschließen ist.

Obwohl feststeht, daß der distale Dünndarm der Hauptort der Proteinresorption ist, können auch die Enterocyten des oberen Intestinums Eiweiße aus der Muttermilch aufnehmen. Zusätzlich sind die Saumzellen des proximalen Dünndarms im Gegensatz zu denen des unteren in der Lage, Proteine durchzuschleusen und an den Kreislauf der Rattensäuglinge abzugeben (Rodewald, 1970, 1973). Hierbei handelt es sich offenbar um die spezifische Resorption der Immunglobuline, die die Säuglinge bis zur Ausreifung ihres Abwehrsystems (am Beginn der 4. Lebenswoche) passiv resorbieren müssen (Halliday, 1955a, b; Brambell und Hemmings, 1960; Bamford, 1966; Brambell, 1966, 1970; Morris, 1968; Wild, 1973). Die proximal nicht eingeschleusten Proteine werden unspezifisch vom distalen und evtl. mittleren Dünndarmepithel aufgenommen, d.h. während der Säuglingsphase der Darmepithelentwicklung existiert eine örtlich getrennte Proteinaufnahme. Für die spezifische Inkorporation und Passage von Antikörpern durch die Enterocyten des proximalen Intestinums läßt sich ins Feld führen, daß diese Zellen bei Rattensäuglingen über ein entsprechendes Transportsystem aus Phagosomen verfügen (Rodewald, 1970, 1973; vgl. Anderson, 1963; Roth und Porter, 1964; Fawcett, 1965; Jacques, 1969; Maack et al., 1973; Worthington und Graney, 1973b), die im distalen dagegen nicht. Ferner konnte gezeigt werden, daß sich markierte spezifische Immunglobuline nahezu selektiv (vgl. Selektionstheorie; Brambell et al., 1958; Brambell, 1966, 1970; Rodewald, 1973) an das apikale Plasmalemm bzw. das davon ausgehende inframikrovilläre Membransystem anlagern. In coated vesicles verpackt passieren die Antikörper das apikale Saumzellencytoplasma, werden durch Konfluenz der Membran der Transportbläschen mit dem lateralen Plasmalemm in den Intercellularraum abgegeben und gelangen ins Gefäßsystem der Säuglinge. Und schließlich würde auch die Lysosomenarmut und schwache Hydrolysenaktivität der Enterocyten im proximalen Intestinum eher eine störungsfreie Passage von Immunglobulinen und ihre Abgabe als weitgehend intakte Antikörper erlauben (vgl. Fleischman, 1966) als im distalen (vgl. Bamford, 1966; Jacques, 1969; Wild, 1973). Hier füllen die Riesenlysosomen praktisch die gesamte Saumzelle aus und riegeln nahezu hermetisch apikales gegen basales Cytoplasma ab, so daß alle in die Enterocyten inkorporierten Substanzen vermutlich einer mehr oder weniger starken intra-, lysosomalen Hydrolyse anheimfallen (Graney, 1968; Worthington und Graney 1973a; vgl. aber Kraehenbühl et al., 1967; Kraehenbühl und Campiche, 1969). Ein Hindernis für den Immunglobulintransport im oberen Dünndarm könnten die riesigen apikalen Fettansammlungen in vielen Enterocyten darstellen. Solche Saumzellen dürften außerstande sein, in vollem Umfang Antikörper durchzuschleusen. Möglicherweise besteht daher — allein aus Platzgründen — ein gewisser Wechsel zwischen Immunglobulin- und Fettpassage, wodurch Antikörper- und Lipiddurchschleusung sich vielleicht gegenseitig beeinflussen.

Mittlerer Dünndarm. Sein Epithel nimmt während der Säuglingsphase eine Mittelstellung zwischen dem oberen und unteren Intestinum ein. Es resorbiert die Fettsubstanzen, die nach Passage des proximalen Intestinums noch im Darmlumen verbleiben und in geringerem Maße unspezifisch Proteine. Distalwärts geht

die Inkorporation von Lipiden zugunsten der von Proteinen ständig zurück.
Besonders deutlich tritt die Aufnahme von Restfett bei Karenzversuchen zutage.
Dann sinkt zunächst die Fettmenge in den Enterocyten des mittleren Dünndarms
und erst danach im mehr proximal gelegenen Intestinalepithel ab. Die normalerweise im Vergleich zu den Enterocyten des unteren Dünndarms niedrige Rate
eingeschleuster Eiweiße kann im mittleren offenbar im Bedarfsfall gesteigert
werden (Clark, 1959). Deshalb könnte das Epithel des mittleren Intestinums
als Reservezone fungieren, die je nach Ernährungslage der Rattensäuglinge und
Zusammensetzung der Muttermilch überwiegend Fette oder Eiweiße resorbiert.
Legt man aber unsere Befunde nach Zuckerverabreichung zugrunde, wäre das
mittlere Intestinum eher dem unteren zuzurechnen; anders als im oberen Dünndarm induzieren Kohlenhydrate im mittleren Riesenlysosomen. Unter diesem
Aspekt gliedert sich funktionell der Dünndarm letztlich in zwei große Abschnitte,
und zwar einen proximalen und einen distalen.

Unterer Dünndarm. Am auffälligsten verhält sich postnatal das Zottenepithel
des distalen Dünndarms mit seinen im Säugerorganismus einzigartigen Riesenlysosomen (Clark, 1959; Jeal, 1965; Morris, 1965; Kraehenbühl *et al.*, 1966;
Porter *et al.*, 1967; Graney, 1968; Wissig und Graney, 1968; Clarke und Hardy,
1969 a, b; Shervey und Anderson, 1970; Krause, 1972; Walker *et al.*, 1972;
Shervey und Gander, 1973; Worthington und Graney, 1973 a; Knutton *et al.*,
1974), in denen extrem hohe hydrolytische Enzymaktivitäten existieren (Vacek,
1964; Shervey, 1966, 1973; Cornell und Padykula, 1969; Williams und Beck,
1969 a, b; Veress und Baintner, 1970; Gossrau, 1973 b, d, e, f). Zur Klasse der
Lysosomen müssen die bisher meistens als supranucleäre Vacuolen bezeichneten
Gebilde schon wegen ihres Bestandes an sauren Hydrolasen gerechnet werden.
Andere Enzyme kommen mit Ausnahme der alkalischen Phosphatase in den
Riesenlysosomen nicht vor. Sicher nachgewiesen haben wir darin 9 Hydrolasen,
die in jedem einzelnen Riesenlysosom vorhanden sind, nämlich die α-Mannosidase,
α-Galactosidase, β-Glucuronidase, N-Acetyl-β-Glucosaminidase, saure Phosphatase, unspezifische Esterase, β-Galactosidase, α-Glucosidase und Sulfatase (Gossrau, 1974 d; vgl. Danovitsch und Laster, 1969). Darüber hinaus machen mikrochemische bzw. biochemische Messungen mit 2- und 1-Naphthyl-β-glucosid,
2-Naphthyl-α-fucosid und 6-Br-2-Naphthyl-β-xylosid (Gossrau, 1974 d) wahrscheinlich, daß β-Glucosidase, α-Fucosidase und β-Xylosidase gleichfalls an die
Riesenlysosomen gebunden sind, obwohl diese Glykosidasen histochemisch
selbst mit semipermeablen Membranen als in situ-Methode der Wahl zur Darstellung von Gesamtaktivitäten nicht intralysosomal nachweisbar sind. Auch
Naphthylamidasen lassen sich histochemisch nicht in den Riesenlysosomen lokali-
sieren; sie reagieren unabhängig von Gewebevorbehandlung, Substrat, pH und
Kupplungssalz immer negativ (Gossrau, 1974 c; vgl. Shervey, 1973). Im Gegensatz zur β-Glucosidase, α-Fucosidase und β-Xylosidase liefert die mikrochemische
und biochemische Untersuchung dieser Hydrolasen den histochemischen Daten
entsprechende Befunde. Außerdem zeigen die Naphthylamidasen unmittelbar
postmortal nicht den für alle lysosomalen Hydrolasen typischen Aktivitätsanstieg;
eher erinnert der Aktivitätsverlauf an den einiger Bürstensaumenzyme (Semenza,
1968; Moog *et al.*, 1971; Gossrau, 1973 g; Lojda, 1974). Deshalb nehmen wir an,
daß Naphthylamidasen in den Riesenlysosomen fehlen. Gleiches gilt für die
β-Fucosidase. Sie stellt kein separates Enzym dar, sondern ist mit der sauren
β-Galactosidase identisch (Lojda und Kraml, 1971; Lojda, 1972).

An der Spezifität der Glykosidasenachweise kann infolge der Negativbefunde mit spezifischen Inhibitoren wie Saccharo-, Mannono-, Galactono-, N-Acetylglucono- sowie N-Acetylgalactonolacton, Galactose und p-Chlormercuribenzoesäure kein Zweifel sein. Die Hemmversuche der Esterase-Reaktion machen wahrscheinlich, daß am Nachweis in den Lysosomen tatsächlich nur Esterasen oder die saure Lipase und keine Peptidhydrolasen beteiligt sind, unter denen einige 1-Naphthylacetat ebenfalls umsetzen sollen (Pearse, 1960, 1972; Lojda, 1972). Schwierig ist die Situation dagegen bei den Phosphatasen, bei denen die histochemischen Spezifitätskontrollen (Untersuchung mit äquimolaren Substratkonzentrationen, Inhibitoren) wenig Hinweise auf die Spezifität der jeweiligen Nachweisreaktionen geben (vgl. aber Pearse, 1968; Lojda *et al.*, 1970). Daher können wir für den postnatalen Dünndarm nicht sicher entscheiden, ob außer der sauren Phosphatase auch die TPPase, G6Pase, ATPase sowie 5′-AMPase in den Riesenlysosomen anzutreffen sind, oder ihre Substrate von der sauren oder alkalischen Phosphatase angegriffen werden. Demonstrieren können wir, daß äquimolares TPP, G6P, AMP und ATP im Ansatz zum Nachweis der sauren Phosphatase entweder nicht oder weit weniger als β-Glycero- und Cytidinmonophosphat, im Medium zur Darstellung der alkalischen Phosphatase dagegen fast ebenso schnell oder stärker als β-Glycerophosphat umgesetzt werden. Ferner wird β-Glycerophosphat auch im Ansatz zur Untersuchung der TPPase, G6Pase, ATPase und 5′-AMPase in hohem Maße angegriffen und kommen TPP, G6P, AMP sowie ATP als Substrate eher für die alkalische, nicht aber für die saure Phosphatase in Frage. Daher spricht mehr dafür, daß für die Spaltung der genannten natürlichen Substrate in den Riesenlysosomen die unspezifische alkalische Phosphatase verantwortlich ist (Dixon und Webb, 1964; Vacek, 1964; Hugon und Borgers, 1966b, 1967a, b; Pearse, 1968; Barman, 1969; Cornell und Padykula, 1969; Williams und Beck, 1969b; Lojda *et al.*, 1970). Allerdings wäre prinzipiell auch die Anwesenheit einer G6Pase, ATPase, 5′-AMPase und TPPase in den Riesenlysosomen möglich. Denn sie entstehen letztlich durch Konfluenz von Golgi-Anteilen und Derivaten des endoplasmatischen Reticulums, die TPPase bzw. G6Pase enthalten können. Und schließlich ist nicht völlig von der Hand zu weisen, daß nicht auch über 5′-AMPase- und ATPase-Aktivität verfügende mikrovilläre Membranen (Lojda *et al.*, 1970; Lojda, 1971) in die Riesenlysosomen hineingelangen. Für die alkalische Phosphatase, die in den Mikrovilli, dem von ihnen ausgehenden inframikrovillären Membransystem und dem damit funktionell eng zusammenhängenden Riesenlysosomen positiv reagiert, kann dies angenommen werden (Clark, 1961; Williams und Beck, 1969b). Außerdem ist schwer vorstellbar, daß ein primär im alkalischen Bereich arbeitendes Enzym von vornherein intralysosomal vorkommt (Wetzel *et al.*, 1963, 1967; Hugon und Borgers, 1968; Baggiolini *et al.*, 1969). Sollte für die TPP-Hydrolyse in den Riesenlysosomen zumindest teilweise die TPPase verantwortlich sein, würde dies gleichfalls für die engen Beziehungen zwischen ihnen und dem Golgi-Apparat sprechen (Cornell und Padykula, 1969), als dessen Markerenzym die TPPase gilt. Die Resultate unserer Hemmversuche mit Cystein, Phenylalanin und Fluorid zeigen vorläufig lediglich, daß Inhibitoren, die sich bei biochemischen Messungen oder histochemischen Studien mancher Organe und Species als relativ spezifisch erweisen, *in situ* oder in anderen Geweben und Tierarten offenbar versagen oder die Ergebnisse nicht ohne weiteres übertragbar sind. Auch hier müssen vergleichend biochemisch-histochemische Untersuchungen Klarheit schaffen.

Obwohl sämtliche Glykosidasen und Phosphatasen im gleichen Lysosom vorkommen, weichen ihre Aktivitäten beträchtlich voneinander ab. Vor allem mikrochemisch fällt auf, daß bei Messungen mit 1-Naphthylderivaten die saure β-Galactosidase stets am aktivsten ist. gefolgt von der Glucosaminidase, α-Galactosidase und β-Glucuronidase. Vielleicht hätte die fluorometrische Analyse mit den meistens empfindlicheren 2-Naphthyl- und besonders Methylumbelliferonverbindungen (Udenfriend, 1962, 1969; Asp und Dahlquist, 1971) zu anderen Aktivitätsrelationen geführt; doch eignen sich beide Substrattypen im Moment noch nicht zur histochemischen Lokalisation saurer Hydrolasen (Ausnahme: α-Glucosidase). Demgegenüber können 1-Naphthylderivate hierzu verwendet werden (Gossrau, 1973a, b, c, d, e, g, h, i, 1974a) und gestatten daher einen relativ guten Vergleich quantitativer und qualitativer Daten. Schließlich ist bei den mit künstlichen Substraten gefundenen Meßwerten immer zu fragen, ob letztere wenigstens annähernd der Aktivität entsprechen, mit der diese Enzyme ihre natürlichen Substrate umsetzen (Marshall, 1972; Schneider, 1973). Eine weitere Schwierigkeit besteht darin, daß wir ähnlich wie bei anderen lysosomalen Hydrolasen die physiologischen Substrate der untersuchten Glykosidasen und Phosphatasen noch nicht genau kennen. Angenommen werden kann, daß es sich dabei größtenteils um Substanzen in der Muttermilch handelt.

Um Einblick in die Prozesse zu gewinnen, die sich in den Enterocyten des distalen Dünndarms vollziehen, muß man das Zusammenspiel zwischen den morphologisch-enzymatischen Vorgängen in Zotten- und Kryptenepithel und der Wirkung der Muttermilchbestandteile berücksichtigen. Einen Anhalt geben die im mittleren Dünndarm ablaufenden und relativ genau bekannten Vorgänge nach Zuckerapplikation. Hier läßt sich demonstrieren, daß peroral verabfolgte Kohlenhydrate (Clark, 1959; vgl. Maunsbach, 1969) — nach Clark (1959) auch Proteine — Vacuolen induzieren. Dadurch kommen Kohlenhydrate und Eiweiße mit den lysosomalen Hydrolasen in direkten Kontakt. Darüber hinaus steigern über längere Zeit angebotene Zucker die Glykosidasen- und Phosphatasen-Aktivität. Für den distalen Dünndarm wäre denkbar, daß bereits im unteren Villusdrittel vor allem die Albumine und Globuline einschließlich der proximal nicht spezifisch resorbierten Antikörper sowie ein Teil der Lactose der Muttermilch in das vom Grund der Mikrovilli abgehende inframikrovilläre Membransystem hineingelangen, eine Vermehrung seiner Tubuli und Vacuolen auslösen sowie die Bildung des Riesenlyssooms und seine Enzyme induzieren oder sich wenigstens daran beteiligen. Im einzelnen stellen wir uns vor, daß die Differenzierung des Riesenlysosoms folgendermaßen geschieht: Noch in der Reifungszone der Krypten bildet der Golgi-Apparat im apikalen Enteroblastencytoplasma primäre Lysosomen (Novikoff *et al.*, 1964; Schnepf und Koch, 1966; Beams und Kessel, 1968; Cornell und Padykula, 1969; Buvat, 1971; Morré *et al.*, 1971; Moon, 1972; Cook, 1973; Sievers, 1973) mit feingranulierter Matrix, die sich laufend vermehren und etwa an der Krypten-Zottengrenze zu einem größeren Lysosom verschmelzen. Im unteren Villusdrittel entstehen die Riesenlysosomen dadurch, daß unter dem Einfluß der aus dem inframikrovillären Membransystem freigesetzten Muttermilchbestandteile supranuclear sich weitere primäre Lysosomen vom Golgi-Apparat abschnüren und mit dem schon vorhandenen zum endgültigen Riesenlysosom konfluieren. Die Tubuli und Vacuolen des inframikrovillären Membransystems zeigen keinerlei Tendenz sich mit den Riesenlysosomen zu vereinigen und liefern daher kein Material für ihre Membran. Das infra-

mikrovilläre und mit dem Darmlumen frei und breit kommunizierende Membransystem übernimmt offenbar ausschließlich den Transport von Substanzen der
Muttermilch aus dem Lumen zur intraepithelialen Verdauung in den Riesenlysosomen, die deshalb in die Gruppe der Heterolysosomen einzuordnen sind
(Williams und Beck, 1969a, b). Passagere Kontakte zwischen beiden Organellen
könnten für den Übertritt der Muttermilchbestandteile in den Lysosomeninnenraum sorgen.

Aber auch nach der Ausbildung des Riesenlysosoms erfolgt noch ein steter
Nachschub von enzymbeladenen Lysosomen für das Riesenlysosom. Hierbei
handelt es sich um einen anderen Typ primärer Lysosomen. Diese enthalten
Vesikel und Granula und werden vermutlich nicht nur vom Golgi-Apparat
sondern auch vom endoplasmatischen Reticulum bereitgestellt. Sie umgeben
nahezu allseits das Riesenlysosom. Ihre Membranen verschmelzen miteinander,
wodurch die Granula und Bläschen in den Innenraum des Riesenlysosoms übertreten und sich zunehmend mit Muttermilchsubstanzen vermischen, die anschließend aufgelockert erscheinen. Da die Vesikel und Granula außer- und
innerhalb des Riesenlysosoms beim Nachweis der Glykosidasen und Phosphatasen Reaktionsprodukt enthalten, sind sie möglicherweise an diese Strukturen
gebunden. Letztere könnten ähnlich den Granula an der Mikrovillimembran
(Johnson, 1966; Oda und Seki, 1966) die Träger der Enzymaktivität darstellen
(Rosenbaum und Wittner, 1962; Müller *et al.*, 1963; Müller, 1973), oder vielleicht
sogar identisch mit den Hydrolasen sein. Der aufgelockerte Lysosomeninhalt
wäre dann morphologischer Ausdruck der hier abgelaufenen enzymatischen
Hydrolyse von makromolekularen Substraten aus der Muttermilch.

Welche Bedeutung kommt den in den Riesenlysosomen ausgemachten Enzymen zu? Zunächst fällt auf, daß unter ihnen die Glykosidasen bei weitem
überwiegen. Sie können hier in hoher Aktivität und als ganz verschiedenartige
Einzelenzyme dargestellt werden, und zwar die α- und β-Galactosidase, α-Gluco-
sidase, α-Mannosidase, β-Glucuronidase und N-Acetyl-β-glucosaminidase. Vor
allem müßten sie in der Lage sein, Glykokomponenten zu spalten, z.B. die der
proximal nicht resorbierten Muttermilchimmunglobuline, aber auch die von Proteinen und Lipiden in rückresorbierten Bestandteilen extrudierter Saumzellen
(vgl. Clark, 1959). Die Kohlenhydrate der Immunglobuline liegen als Oligo-
saccharide vor und enthalten neben Fucose, Galactose, Glucose und Mannose,
Glucuronsäure, N-Acetylglucosamin oder -galactosamin (Ginsburg und Neufeld,
1969; Spiro, 1970; Marshall, 1972). Sie könnten schrittweise von den Glykosidasen
freigesetzt (Tappel, 1969; Gordon, 1973), anschließend ins Cytoplasma der be-
treffenden Saumzellen übertreten und hier weiter verwendet oder in den Inter-
cellulärraum abgegeben werden. — Für die Phosphatasen kämen die in den
genannten Makromolekülen vorhandenen Phosphatgruppen als Substrate in Frage.

Weitgehend offen läßt unsere enzymhistochemische Analyse der Riesenlysosomen das Schicksal der Substanzen, die unter den darin vorhandenen Verbindungen bei weitem überwiegen dürften, nämlich den Proteinen. Bei ihnen handelt
es sich hauptsächlich um Albumine und Globuline einschließlich der dazu zählenden
Antikörper (Ling *et al.*, 1961). Denn bisher konnten in den Riesenlysosomen
noch keine zur Degradation von Eiweißkörpern notwendigen Peptidhydrolasen,
z.B. Kathepsine, lokalisiert werden. Biochemisch läßt sich zeigen, daß die Peptidasen in Lysosomenfraktionen oder Homogenaten des Dünndarms während seiner
Postnatalentwicklung (Heringova *et al.*, 1966; Lindberg und Owman, 1966;

Noack *et al.*, 1966; Deren, 1968; Koldovsky, 1969) vergleichsweise stark vertreten sind, allerdings im Gegensatz zu den Glykosidasen und Phosphatasen nicht wesentlich aktiver als im erwachsenen Intestinum (Hsu und Tappel, 1964, 1965a, b). Außerdem geben biochemische Messungen keine Auskunft über den Sitz der Peptidhydrolasen-Aktivität innerhalb der heterogen gebauten Darmwand. Vielleicht helfen hier angesichts der außergewöhnlichen Größe der Riesenlysosomen Untersuchungen mit den sonst nicht zur intracellulären Lokalisation geeigneten Substratfilmmethoden (Pearse, 1972; Denker, 1973) und mikrochemisch-fluorometrische Messungen von Kathepsin B und C mit 2-Naphthylamiden weiter (Gossrau, 1974d).

Intralysosomale pH-Regulation. Feststehen dürfte, daß die Lysosomen des distalen Darmepithels riesige sauer reagierende Organellen (vgl. Müller *et al.*, 1963; Barrett, 1969, 1972) in einem dürftigen Restcytoplasma darstellen, dessen pH sich um den Neutralpunkt bewegt. Ferner zeigen unsere Befunde nach PAS-Reaktion und Methylenblaufärbung, daß in der Matrix der Riesenlysosomen nicht an die Muttermilchbestandteile gebundene Kohlenhydrate und saure Ladungen (Glykoproteine, -lipide; Koenig, 1969; Mego, 1973) vorkommen. Die enzymhistochemische Analyse ergibt, daß intralysosomal ATP in hohem Maße umgesetzt wird — wobei wir das verantwortliche Enzym noch nicht genau kennen — und beim Glykosidasen- und Phosphatasen-Nachweis neben basischen (N-Acetylglucosamin, -galactosamin) und neutralen (Galactose, Glucose, Fucose, Mannose) auch saure Spaltprodukte, z.B. Glucuron- und Phosphorsäure freigesetzt werden. Daher halten vielleicht passive und aktive Mechanismen das saure pH in den Riesenlysosomen aufrecht. Passiv könnten die nicht zur elektrostatischen Bindung der lysosomalen Hydrolasen (Koenig, 1969; Winckler, 1974) benötigten anionischen Gruppen der Glykolipide und -proteide dafür sorgen. Die aktive Regulation wäre einmal durch die bei der intralysosomalen Hydrolyse anfallenden sauren Metaboliten (Tappel, 1969; Christensen und Maunsbach, 1973; Davidson *et al.*, 1971; Davidson, 1973; Gordon, 1973) und zum anderen durch eine Protonenpumpe möglich, die von einer in den Riesenlysosomen selbst lokalisierten sauren ATPase oder von der alkalischen Phosphatase betrieben wird (Barrett, 1969, 1972; Mego und McQueen, 1967; Farb und Mego, 1973; Mego, 1973). Alle Stadien hierüber sind jedoch erst am Anfang; die ungewöhnliche Größe der Riesenlysosomen könnte bei weiteren in situ-Untersuchungen der intralysosomalen pH-Regulation hilfreich sein.

Enterocytenmauserung. Ihr Ablauf während der Säuglingsphase der Darmepithelentwicklung war bisher offen. Unsere Befunde zeigen, daß der Extrusion (Ausstoßung) der Enterocyten ins Darmlumen charakteristische elektronenmikroskopische, enzymhistochemische (Gossrau, 1974b; vgl. aber Galjaard, 1974) und z.T. auch regional unterschiedliche Veränderungen vorausgehen. Letztere hängen eng mit dem abweichenden Lysosomenbestand der Saumzellen im proximalen und distalen Dünndarm zusammen. Der Untergang der Enterocyten beschränkt sich nahezu immer auf den Bereich der Villusspitzen, erfaßt stets die gesamte Saumzelle und kündigt sich plötzlich als Cytoplasmaaufhellung an, gefolgt von Quellungen der Mitochondrien und Golgi-Säcke sowie des inframikrovillären Membransystems; Mikrovilli und insbesondere die Zellkerne verhalten sich stabiler. Die Lysosomen spielen beim Enterocytenuntergang nur eine sekundäre Rolle. Beispielsweise fehlen sie in den Saumzellen des oberen Intestinums weitgehend; trotzdem sterben die Zellen. Daß die Lysosomen aber den Ablauf des Saumzelltodes und darüber hinaus die Extrusion beeinflussen können, belegt die Enterocytenmauserung im unteren Dünndarm. Hier reißt normalerweise *vor* der Ausstoßung die Membran des Riesenlysosoms und schließlich auch die des Plasmalemms. Beides unterbleibt nach Cortisongabe und damit auch die Durchmischung von Grundplasmabestandteilen und sauren Hydrolasen, ebenso der Übertritt von Zellresten ins Intestinallumen. Vielmehr werden die Enterocyten dann nach Abkugelung mit den intakten Riesenlysosomen *in toto* extrudiert. Dabei wird unter Normal- und Experimentbedingungen stets die gesamte Saumzelle ausgestoßen. Eine partielle Extrusion lumennaher Anteile und eine Regeneration des verbleibenden Saumzellenrestes haben wir ebensowenig gesehen (vgl. aber Schmidt, 1971; menschliche Feten) wie apikale Exkretions- oder Abschnürungsprozesse. Schwierig ist es, Ursachen für den Enterocytenverlust im Dünndarm von Rattensäuglingen zu finden. Vorstellbar wäre, daß der Druck nachfolgender Saumzellen den Untergang auslöst, wie es für das reife Intestinum infolge seines Mitosereichtums diskutiert wird. Allerdings benötigt der postnatale Dünndarm den bei weitem größten Teil seiner Enterocyten zum Längenwachstum der Zotten bei gleichzeitig relativ geringer Mitoserate (O'Connor, 1966; Altmann und Enesco, 1967). Außerdem kommen passager Lücken im Epithel vor. Wahrscheinlich lösen den Untergang mehrere Ereignisse mit aus, da z.B. die Extrusionsrate während der Postnatalentwicklung immer dann besonders hoch liegt, wenn Umstellungen der Ernährung erfolgen, die Zottenmotilität ansteigt oder Veränderungen im Endokrinium auftreten (Grad und Stevens, 1950; Hooper, 1956; Sherman und Quastler, 1960; O'Connor, 1966). Zu prüfen ist, ob unsere am Darmepithel z.Z. der Entwicklung erhobenen Resultate auch für das erwachsene Intestinum uneingeschränkt gültig sind.

3. Zweite postnatale Phase

In dieser Zeit bilden sich die für die Säuglingsphase (2. Entwicklungsphase) der Darmentwicklung typischen regionalen Unterschiede zwischen proximalem und distalem Intestinum zurück. Die Angaben über den Beginn der 3. Phase sind stark methodenabhängig. Enzymhistochemisch und elektronenmikroskopisch entsteht der Eindruck, daß sich die Rückbildungsphase nicht vor dem Ende der 3. Lebenswoche ankündigt. Bis dahin sind die Enterocyten des proximalen Dünndarms prall mit Fett gefüllt und verfügen über ihr Transportsystem aus Phagosomen; die des distalen besitzen nach wie vor Riesenlysosomen, in denen alle Glykosidasen und Phosphatasen bei geeigneter Gewebevorbehandlung gegenüber vorher unverändert kräftig reagieren. Der Bürstensaum weist bei der histochemischen Untersuchung von Lactase, alkalischer Phosphatase, ATPase, AMPase und Naphthylamidasen verglichen mit früheren Postnataltagen keine klaren Veränderungen auf. Lediglich der nach Abfall der 2. Lebenswoche auch bei der Maltase-Darstellung *in situ* zu beobachtende Aktivitätsanstieg im oberen und die bei Untersuchung gefriergetrockneter Schnitte verminderte Bindungsfestigkeit der sauren Hydrolasen im unteren Dünndarm deuten darauf hin, daß sich im Saumepithel noch vor Abschluß der 3. Lebenswoche Veränderungen abspielen. Bewiesen wird dies in guter Übereinstimmung mit einigen biochemischen Meßdaten (Heringova *et al.*, 1965; Koldovsky und Chytil, 1965; Koldovsky *et al.*, 1966; Gossrau, 1973b, g) durch unsere mikrochemischen und fluorescenzmikro-

skopischen Befunde. Sie zeigen, daß die 3. Entwicklungsphase bereits wesentlich
eher beginnt. Schon um den 16. LT findet man einen Aktivitätsabfall der sauren
β-Galactosidase, N-Acetyl-β-glucosaminidase, β-Glucuronidase und α-Galacto-
sidase sowie der mikrovillären Lactase (Gossrau, 1973b, 1974d). Parallel dazu
nimmt die für das erwachsene Intestinum charakteristische und vermutlich an
Gallensäuren gebundene Rotfluorescenz (Gossrau, 1974d; vgl. Udenfriend, 1966)
im Bürstensaum der Enterocyten des proximalen und distalen Dünndarms zu
und verdrängt allmählich die hier bislang vorherrschende Gelbgrünfluorescenz;
die Riesenlysosomen fluorescieren vorerst noch unverändert bräunlich-gelb. Daher
geben Mikrochemie und Fluorescenzmikroskopie genauere Auskunft über den
Beginn der Rückbildungsphase im postnatalen Darmepithel als die übrigen von
uns eingesetzten Verfahren.

Im Mittelpunkt der Rückbildungsvorgänge steht der Ersatz der beiden für die
Säuglingsphase charakteristischen Enterocytenarten durch aus den Krypten
nachfolgende Saumzellen, die sich überall im Intestinum weitgehend gleichen.
Dabei sind wir lediglich sicher, daß es sich in der Säuglingsphase der Darmentwicklung um 2 morphologisch und physiologisch verschiedene Typen von
Saumzellen handelt. Ob im reifen Dünndarm tatsächlich nur eine einzige Entero-
cytenart vorkommt, ist vorläufig offen; zumal wenigstens enzymhistochemisch
graduelle Differenzen zwischen den Saumzellen verschiedener Dünndarmab-
schnitte im reifen Intestinum existieren (vgl. Jervis, 1963; Baintner und Veress,
1967). Allerdings beruhen die Veränderungen im Dünndarmepithel während der
Rückbildungsphase nicht nur darauf, daß in den Krypten erwachsene Saumzellen
entstehen. Vielmehr sind davon auch die differenzierten Enterocyten der Säuglingsphase betroffen, deren saure Hydrolasen im distalen Dünndarm Aktivitätsverluste aufweisen, obwohl die Riesenlysosomen unverändert groß und häufig
sind. Im proximalen Intestinum steigt die Maltase im Bürstensaum der Saumzellen an, die noch Fette und spezifisch Immunglobuline aufnehmen und ans
Gefäßsystem der Säuglinge abgeben. Und schließlich treten die Gallensäuren
ubiquitär in den Mikrovilli dieser Enterocyten auf. Festzuhalten bleibt, daß
spätestens am 23. LT im oberen Dünndarm alle Saumzellen mit coated vesicles
und im distalen sämtliche Enterocyten mit Riesenlysosomen und peripheren
Lysosomen durch Saumzellen ohne derartige Organellen ersetzt sind. Außerdem
fehlt den reifen Saumzellen das die Enterocyten des postnatalen Dünndarms
überall auszeichnende inframikrovilläre Membransystem. Die Ursachen für den
Saumzellenaustausch dürften multifaktorieller Natur und in Umstellung von
Hormonhaushalt und Ernährung ebenso zu suchen sein wie in der Ausreifung
der großen Verdauungsdrüsen Leber, Magen und Pankreas bzw. dem Wechsel
von der intraepithelialen zur intraluminalen Verdauung (s.u.). Alle Veränderungen
beeinflussen offenbar nicht nur das undifferenzierte Krypten- sondern auch das
differenzierte Saumepithel des proximalen Dünndarms.

4. Regulation

Ein noch weitgehend offenes Problem ist das der Regulation der geschilderten
Vorgänge im Darmepithel. Große Bedeutung haben sicherlich die Hormone der
Nebennierenrinde, wobei wir uns besonders mit der Wirkung von Cortison be-
schäftigt haben. Zunächst ist festzustellen, daß es unabhängig von Alter und
Dosis (vgl. aber Clark, 1959; Halliday, 1959; Koldovsky *et al.*, 1965a; Koldovsky

und Sunshine, 1970) zu einer Primärreaktion im Darmepithel kommt. Die Restitution hängt dagegen von der verwendeten Dosis, vom Alter der Tiere sowie vom Zeitpunkt der Injektion ab. Und zwar bleibt eine Restitution um so eher aus, je jünger die Rattensäuglinge am Tag der Cortisonapplikation sind und mit je größeren Dosen gearbeitet wird. Erst ab 5. oder dem 10. LT werden auch höhere Dosen ohne ernste Folgen toleriert. Unter den bearbeiteten Hydrolasen regieren nur die mikrovillären in Abhängigkeit vom Zeitpunkt der Cortisongabe; sie sprechen vor allem im Verlauf der 3. Lebenswoche auf Cortison an (Moog, 1953, 1966; Moog et al., 1971, 1973). Daß das Verhalten der mikrovillären Enzyme jedoch komplexer sein kann, demonstrieren die Befunde nach Cortisonverabreichung am 1. LT. Dann ist 1 Woche später die Aktivität von Lactase, alkalischer Phosphatase und Naphthylamidasen im proximalen Bürstensaum zurückgegangen, im distalen aber angestiegen. Die sauren Hydrolasen des Dünndarmepithels sind während der *gesamten* Säuglingsphase cortisonsensitiv (vgl. aber Moog, 1953; Clark, 1959; Koldovsky und Sunshine, 1970).

Bei der Primärreaktion auf Cortison sind stets die Veränderungen in den Enterocyten des distalen Dünndarms am eindrucksvollsten, der proximale verhält sich weniger auffällig (Koldovsky und Sunshine, 1970). Betroffen sind vor allem die Lysosomen, möglicherweise das endoplasmatische Reticulum und der Golgi-Apparat (vgl. David, 1970; Ichihava et al., 1973) und unter den nachgewiesenen Hydrolasen die lysosomalen, weniger der Bürstensaum mit seinen Enzymen. Insgesamt scheint dieses Glucocorticoid lysosomale und mikrovilläre Hydrolasen gegensinnig beeinflussen zu können (Koldovsky et al., 1965a). Verglichen mit Kontrollsäuglingen nimmt nach der Cortisongabe die Aktivität der lysosomalen Enzyme vorzeitig ab, während die der mikrovillären vorzeitig ansteigt. Ein weiterer wesentlicher Unterschied besteht darin, daß die Aktivitätsabnahme *alle* lysosomalen Hydrolasen des Darmepithels angeht. Im Bürstensaum reagieren eindeutig nur die alkalische Phosphatase, Naphthylamidasen und die Disaccharidasen Maltase und Sucrase mit einer vorzeitigen Aktivitätssteigerung (Moog, 1953, 1962; Halliday, 1959; Doell und Kretscher, 1964; Koldovsky et al., 1965a; Moog, 1971; Moog et al., 1971, 1973; Herbst und Koldovsky, 1972; Koldovsky et al., 1972); die Lactase spricht zumindest ab dem 5. LT nicht eindeutig auf Cortison an (Gossrau, 1974d; vgl. Yeh und Moog, 1974).

Größere Schwierigkeiten bereitet es, Klarheit über den Wirkungsmechanismus des applizierten Cortisons auf die Darmepithelentwicklung zu gewinnen und die Frage zu beantworten, ob derartige Versuche Rückschlüsse auf physiologische Vorgänge zulassen. Zu bedenken ist, daß bei allen experimentellen Arbeiten mit unphysiologisch hohen Hormondosen gearbeitet wird. Fest steht, daß die Art der Applikation keinen Einfluß auf die Cortisonwirkung hat. Offenbar kann die Substanz sowohl vom Darmlumen als auch vom Blut her auf das Dünndarmepithel einwirken. Außerdem beeinflußt Cortison vermutlich nicht nur die Krypten-, sondern auch die Saumzellen.

Diese Befunde sind wichtig, weil bisher meistens angenommen wurde, daß Cortison während der Darmentwicklung am undifferenzierten Kryptenepithel nicht aber am Zottenepithel angreift und die Wirkung allein über das basale und basolaterale Plasmalemm erfolgt (vgl. Clark, 1959, 1971; Doell et al., 1965; Moog, 1971). Als Erklärung für die fehlende Beeinflussung des Darmepithels diente die Beobachtung, daß sich der Cortisoneffekt regelmäßig nach 2—3 Tagen einstellt, der Zeit, die mit der mutmaßlichen Lebensdauer der Enterocyten identisch ist. Hiergegen spricht aber, daß die Turnover-Rate der Saumzellen in den ersten 3 Lebenswochen wesentlich niedriger zu veranschlagen ist bzw. die Enterocyten länger leben als im erwachsenen Intestinum (O'Connor, 1966; Koldovsky et al., 1966; Altmann und Enesco, 1967). Möglich wäre noch, daß das im Darmlumen vorhandene Cortison allein von den Kryptenzellen aufgenommen wird. Wahrscheinlicher dürfte jedoch das Gegenteil sein, nämlich ein ständiger Flüssigkeitsstrom aus der Kryptentiefe in Richtung Zottenspitze, um den Kryptenzellen Gelegenheit zu geben, sich in Ruhe zu differenzieren. Ferner ist kaum vorstellbar, daß p.o. verabfolgtes Cortison bei Passage durch die Saumzellen diese nicht alteriert, ins Intestinum gelangt und dann selektiv an den Krypten angreift. Dennoch sind die Enteroblasten ein wichtiger Receptor, da Cortison postnatal die Frequenz der ausschließlich in den Krypten ablaufenden Mitosen reduziert und 6-Br-Desoxiuridin — ein Hemmer von Zelldifferenzierungsvorgängen — die Cortisonwirkung auf das distale Darmepithel unterbindet (Clark, 1971). Als Folge der Mitosearmut werden die Zotten kürzer und nehmen an Zahl ab.

Zum Problem des intracellulären Wirkortes von Cortison liegen über das Dünndarmepithel unseres Wissens keine Angaben vor. Zwar kann als gesichert gelten, daß Corticosteroide ähnlich wie in anderen Zellen im Intestinalepithel ebenfalls bestimmte Enzyme induzieren (Pina et al., 1963; Tomkins und Maxwell, 1963; Kenney und Reel, 1971; Gelehrter, 1973), doch liegen andererseits Resultate vor, wonach diese Nebennierenrindenhormone nicht nur induzierend, sondern auch hemmend wirken können (Koldovsky et al., 1965a; Bellamy und Leonard, 1966; Bowers und de Duve, 1967; Kilkovska-Chadzypanagiotis, 1970; Joseph und Tydd, 1973). Damit würde übereinstimmen, daß während der gesamten Postnatalentwicklung im unteren Dünndarmepithel Cortison die Aktivität der lysosomalen Hydrolasen massiv reduziert. Die Resultate sind um so bedeutsamer, als dieser Effekt weitgehend unabhängig von der von uns benutzten Cortisondosis auftritt. Gleichzeitig erscheinen im Gegensatz zur Lysosomenbildung bei Kontrollsäuglingen im apikalen Cytoplasma (vgl. Moe et al., 1965) nach Cortisongabe ausschließlich basal in den Saumzellen Lysosomen als Abschnürungen des endoplasmatischen Reticulums — ein Bildungsmodus, der normalerweise für das pränatale Darmepithel typisch ist. Deshalb stellen wir uns vor, daß Cortison für die Entstehung von hydrolasenarmen Lysosomen im basalen Saumzellencytoplasma sorgt, ihre Verlagerung nach apikal und auf Grund seines membranstabilisierenden Effektes (de Duve und Wattiaux, 1966; Weissman, 1969) die Konfluenz der Lysosomen untereinander und Kontakte mit dem inframikrovillären Membransystem verhindert. Dadurch unterbleibt nicht nur die Ausformung des Riesenlysosoms, sondern auch die Induktion weiterer Hydrolasen. Außerdem ergibt sich daraus, daß Cortison — soweit die Lysosomen und ihre Enzyme betroffen sind — *nicht* für eine vorzeitige Ausreifung der Darmschleimhaut sorgt. Es stört vielmehr die Differenzierung des Darmepithels, wenn es zu früh in Konzentrationen vorliegt, die sich oberhalb des effektiven Schwellenwertes bewegen (Daniels und Hardy, 1973a). Daß das Hormon tatsächlich im Intestinalepithel die Lysosomenmembran stabilisiert, beweist der Mauserungsablauf im Dünndarm cortison-behandelter Rattensäuglinge, bei denen stets die Ruptur der Riesenlysosomenmembran ausbleibt und diese Organelle *in toto* extrudiert wird (Gossrau, 1974b), ferner die mangelnde Vermischung zwischen Vesikeln und Granula der peripheren Lysosomen und den in das Riesenlysosom eingeschleusten Bestandteilen der Muttermilch.

Eine weitere Frage betrifft die Spezifität der Cortisonwirkung und die Folgen der gestörten Entwicklung des Darmepithels. Wir haben gefunden, daß unter den gewählten Versuchsbedingungen in Leber, Niere und Pankreas keine Veränderungen an den Lysosomen, in der Niere zusätzlich keine am Bürstensaum auftreten. Andererseits gibt es generellere Effekte nach Cortisongabe, da sich z.B. die Behaarung der Säuglinge ändert und verzögert auftritt und eine vorzeitige Öffnung der Augen erfolgt; ferner weisen die Säuglinge nach Cortisonapplikation einen reduzierten Allgemeinzustand auf. Dabei dürfte die fehlende Zunahme oder sogar Abnahme des Körpergewichts der Rattensäuglinge eine sekundäre Folge der Cortisonbehandlung auf den Darm sein. Vermutlich sind die dadurch entstandenen Enterocyten ohne Riesenlysosomen außerstande, die für das Wachstum der Rattensäuglinge notwendigen Proteine aus der Muttermilch aufzunehmen und/oder intraepithelial zu spalten. Gleichzeitig deuten Gewichtsverluste oder -stillstand darauf hin, daß Leber, Pankreas und Magen während der ersten 3 Lebenswochen noch relativ unreif und nicht in der Lage sind, die für eine intraluminale Verdauung notwendigen Gallesubstanzen und Enzyme, wie Pepsin, Trypsin, Chymotrypsin, Amylase und Lipase in genügend hoher Menge zu produzieren (Arnold, 1966; Deren, 1968; Koldovsky, 1969; vgl. aber Vollrath, 1959). Für die Galle können wir dies mit eigenen Befunden bestätigen; sie tritt erst mit Beginn der 3. Lebenswoche in nennenswerter Konzentration im Darm auf. Messungen der Lipasen und Peptidasen im Lumen des postnatalen Dünndarms machen auch für sie einen Aktivitätsanstieg erst gegen Ende der Säuglingsphase wahrscheinlich (Gossrau, 1974d).

Zusammengenommen zeigt sich, daß das Darmepithel z.Z. seiner Entwicklung cortisonsensitiv ist, gleichzeitig aber alle von uns applizierten Cortisondosen zur Beantwortung der Frage nach der Bedeutung des Cortisons für die Regulation des postnatalen Dünndarmepithels zu hoch waren. Die Experimente haben jedoch eindeutig ergeben, daß die bei der Untersuchung der normalen Differenzierung festgestellten regionalen Unterschiede im Dünndarm für die ungestörte Entwicklung der Säuglinge wichtig sind. Wenig Information können die Cortisonexperimente über die physiologische Regulation des Dünndarmepithels liefern. Um dennoch etwas darüber aussagen zu können, wurden Rattensäuglinge adrenalektomiert. Entgegen unseren Erwartungen ist der Effekt gering: Im distalen Dünndarm gelingt es lediglich, den normalerweise am 20. oder 21. LT (Halliday, 1955a, b; Clark, 1959; Clarke und Hardy, 1969b; Baintner und Veress, 1970; Daniels und Hardy, 1971; Daniels et al., 1973) eingeleiteten Ersatz der Saumzellen mit Riesenlysosomen durch solche ohne und den Aktivitätsbefall der lysosomalen Enzyme um maximal 3 oder 4 Tage hinauszuzögern (Koldovsky und Sunshine, 1970; Daniels et al., 1972, 1973b). Dagegen kann der Untergang der Enterocyten mit Riesenlysosomen durch den Eingriff nicht verhindert werden. Die Lactase reagiert auf Adrenalektomie ebenfalls nur mit einem verzögerten Abfall, während die übrigen Bürstensaumenzyme sich umgekehrt verhalten (Galand und Jaquot, 1970; Koldovsky und Sunshine, 1970).

Deshalb ist damit zu rechnen, daß außer den Nebennierenrindenhormonen weitere Faktoren bei der Regulation der Darmentwicklung eine Rolle spielen. Beispielsweise erfolgt nach Abschluß der 2. Lebenswoche parallel zur Ausreifung von Nebenniere (Anstieg von Cortisol und Corticosteron im Plasma von Rattensäuglingen; Daniels et al., 1973a) und Immunsystem (Clark, 1968, 1971) eine Umstellung der Ernährung von der Muttermilch auf Fremdnahrung (Koldovsky,

1969; Daniels, 1972), nimmt die Gallenmenge im Darm merklich zu (vgl. Altmann, 1971; Cook *et al.*, 1973) und offenbar auch die Aktivität der Magen- und Pankreasenzyme (Koldovsky *et al.*, 1963; Laws und Moore, 1963; Deren, 1968) sowie die der Enterokinase im Bürstensaum der Darmepithelzellen (Lojda, 1974). Das heißt die während der ersten 14 Lebenstage praktisch fehlende intraluminale Verdauung dürfte danach immer mehr überwiegen und vor allem die Riesenlysosomen des distalen Dünndarmepithels zunehmend überflüssig machen (Mossinger *et al.*, 1959; Hahn und Koldovsky, 1966). Sie existieren vermutlich nur so lange, wie speziell Proteine nicht außerhalb des Darmepithels gespalten, sondern lediglich intraepithelial verdaut werden können (Boas und Wilson, 1963). Im erwachsenen Darm von Fischen, die über keine nennenswerte intraluminale Proteinhydrolyse verfügen, kommen zeitlebens im Intestinalepithel Riesenlysosomen vor (Sarbahi, 1951; Yamamoto, 1966; Iwai, 1968; Gauthier und Landis, 1972; Noallac-Depeyre und Gas, 1973). Die hochmolekularen Kohlenhydrate der Fremdnahrung beteiligen sich möglicherweise an der Aktivierung der Bürstensaum- und Pankreasamylasen, da diese Stoffgruppe in der Muttermilch weitgehend fehlt.

Mit den hier angesprochenen Faktoren, nämlich die Ausreifung von Nebenniere, Verdauungsdrüsen und Immunsystem sowie die Umstellung der Ernährung sind zweifellos noch nicht alle Regulationsmechanismen und noch weniger ihr Zusammenspiel erfaßt. Vielmehr dürfte die Steuerung der Darmentwicklung ein multifaktorielles Geschehen sein, das wesentlich komplizierter ist, als bisher angenommen wurde. So wird — vielleicht sogar in stärkerem Maße als durch die Nebenniere — das postnatale Dünndarmepithel auch von Hypophyse und Thyreoidea reguliert; denn nach Entfernung dieser endokrinen Drüsen hält die in der Regel nur bis zum 17. LT zu beobachtende hohe Lactase-Aktivität im Gegensatz zu den Resultaten nach Adrenalektomie über den 28. LT hinaus nahezu unverändert an (Yeh und Moog, 1974; vgl. Levin, 1969, 1973; Daniels und Hardy, 1971). Ob ähnliches für die Riesenlysosomen und lysosomalen Hydrolasen der Säuglingsphase des Dünndarmepithels zutrifft, ist vorerst offen, wäre jedoch angesichts des identischen Aktivitätsverlaufes von Lactase und sauren Hydrolasen nach Adrenalektomie durchaus in Erwägung zu ziehen. Daher werden vermutlich an den Enterocyten während der Darmentwicklung die verschiedensten Regelfaktoren hemmend oder fördernd tätig und beeinflussen sich dabei gegenseitig; und umgekehrt dürfte das Darmepithel, z.B. durch die von ihm resorbierten und an den Organismus der Rattensäuglinge abgegebenen Substanzen auf zahlreiche dieser Regelfaktoren zurückwirken (vgl. Macho *et al.*, 1971).

Keine allgemeine Bedeutung haben für die postnatale Entwicklung des Dünndarmepithels vermutlich Geschlechtshormone (Moog und Thomas, 1955). Ihnen fallen aber evtl. im erwachsenen Dünndarm wichtige regulatorische Aufgaben am Bürstensaum der Enterocyten zu. Dies zeigt die Spaltung von β-Glucuroniden in den intestinalen Mikrovilli erwachsener weiblicher Ratten nach peroraler Hormonapplikation, der Aktivitätsanstieg der mikrovillären α-Glucosidase z.Z. der Schwangerschaft und der Aktivitätsabfall dieses Enzyms nach Ovarektomie (Gossrau, 1974d). Daß Geschlechtshormone jedoch nicht völlig bedeutungslos für das Dünndarmepithel während der ersten 3 Lebenswochen sind, geht daraus hervor, daß auch Orchiektomie von Rattensäuglingen die Mikrovilli zur Hydrolyse von synthetischen β-Glucuroniden veranlaßt, die hier normalerweise nicht umgesetzt werden. Insofern entscheiden vielleicht Geschlechtshormone mit darüber, welche Hydrolasen im intestinalen Bürstensaum tätig werden und welche nicht.

Zusammenfassung

Vorliegende Studie beschäftigt sich bei Ratten und Mäusen insbesondere mit den Lysosomen und lysosomalen Enzymen im Darmepithel während der Entwicklung und mit der Regulation der dabei ablaufenden Vorgänge. Ab 15. ET lassen sich folgende Phasen unterscheiden: 1. die pränatale Phase (zur Vorbereitung auf die postnatale Tätigkeit; 15.—1. LT), 2. die 1. postnatale Phase (Säuglingsphase; 1.—23. LT), 3. die 2. postnatale Phase (Rückbildungsphase; 17.—23. LT) und 4. die 3. postnatale Phase (Phase des reifen Darmepithels). Sämtliche Phasen gehen fließend ineinander über. Die Regulation erfolgt endo- und exogen.

Ab 15. ET proliferiert das 1schichtige Epithel ohne Beteiligung von Lysosomen und geht in den mehrreihigen Zustand über. Die anschließende Regression und Umwandlung des primitiven Darmepithels zum Resorptionsepithel wird dagegen durch lumennahe, ab 16. ET im mehrreihigen Epithel auftretende Lysosomen und ihre Hydrolasen (saure Phosphatase, β-Glucuronidase, N-Acetyl-β-glucosaminidase, α-Galactosidase, α-Mannosidase, saure β-Galactosidase, Carboxylesterasen) bewerkstelligt. Dabei hängen die Befunde über das erste Auftreten eines Enzyms stark von der Gewebevorbehandlung und vom verwendeten Substrat ab. Im Mittelpunkt der Umwandlungsvorgänge stehen Zelluntergänge und autophagische Prozesse, die zu Buchten im Epithel bzw. bindegewebsfreien Primärzotten führen. Die Fragmente abgestorbener Zellen können vom intakten Epithel offenbar reutilisiert werden. Durch Einsprossen von gefäßhaltigem Mesenchym in die Primärzotten kommen die definitiven Zotten (Sekundärzotten) zustande; gleichzeitig bildet sich das endgültige Resorptionsepithel aus. In den Enterocyten entsteht u.a. ein inframikrovilläres Membransystem aus untereinander und mit dem Darmlumen kommunizierenden Tubuli, Vesikeln und Vacuolen. — Weitgehend frei von Zelluntergängen sind nur die äußersten Epithellagen. Hier werden ab 15. LT im Intestinum im infranucleären Cytoplasma der Epithelzellen vom endoplasmatischen Reticulum primäre Lysosomen produziert. Diese basalen Lysosomen erfüllen anders als die lumennahen praktisch keine pränatalen Aufgaben, sondern fließen vor allem im distalen Dünndarm unmittelbar vor der Geburt nach Verlagerung ins apikale Saumzellencytoplasma und parallel zur Sekundärzottenbildung zur ersten Riesenlysosomengeneration zusammen. Gleichzeitig steigt die Aktivität ihrer sauren Hydrolasen an. Im oberen Dünndarm nimmt dagegen an den letzten 2 Pränataltagen die Aktivität der mikrovillären Hydrolasen zu, so daß bereits vor Ende der Tragzeit regionale Unterschiede zwischen oberem und unterem Dünndarm existieren.

Dieser letzte Abschnitt der pränatalen Phase fällt mit dem Beginn der Tätigkeitsaufnahme zusammen. Ihre volle Funktionstüchtigkeit entwickeln die Enterocyten aber erst nach der Geburt. Dann kommt es unter dem Einfluß von Kohlenhydraten und möglicherweise auch Proteinen der Muttermilch in den Saumzellen des unteren Dünndarms zur Vermehrung des inframikrovillären Membransystems und zur Ausformung der ersten schon pränatal angelegten Riesenlysosomen sowie zu einem erneuten Aktivitätsanstieg aller darin lokalisierten sauren Hydrolasen. Im proximalen Dünndarm ändern die Enterocyten ihr Aussehen dadurch, daß sie die Hauptmasse des Muttermilchfettes aufnehmen. Voll funktionsfähig ist das gesamte Dünndarmepithel spätestens am 4. LT. Unbeantwortet läßt unsere Untersuchung, warum die Enteroblasten nur in der Reifungszone der Krypten des distalen Dünndarms, nicht hingegen in denen des proximalen Riesenlysosomen ausbilden, obwohl sich die Enteroblasten in der Kryptenproliferationszone in beiden Dünndarmabschnitten elektronenmikroskopisch und enzymhistochemisch völlig gleichen.

Während der Säuglingsphase befinden sich die Saumzellen des oberen Intestinums in verschiedenen Stadien der Fettpassage; denn in den Enterocyten gleicher Zotten unterscheiden sich je nach Lage in den Villi Menge, Lokalisation und Aggregationszustand der Lipide voneinander. Das Fett wird größtenteils unverändert mit Hilfe von Golgi-Apparat und endoplasmatischem Reticulum durch die Zellen hindurchgeschleust und ans Gefäßsystem abgegeben. Die Lipidinkorporation ist ein passiver Vorgang; Pino- oder Mikropinocytose spielen keine Rolle. Zahl und Abhängigkeit der Mikrovilli schwanken in Abhängigkeit von der aufgenommenen Fettmenge und sind in gewissen Grenzen passagere Oberflächendifferenzierungen. Ferner nehmen die Saumzellen des oberen Intestinums spezifisch aus der Muttermilch stammende Antikörper zur passiven Immunisierung der Säuglinge auf. Ermöglicht wird dies durch ein Transportsystem aus Phagosomen, das sich aus Anteilen des inframikrovillären Membransystems und davon sich abschnürenden — in den Enterocyten des unteren Dünndarms fehlenden — coated vesicles zusammensetzt. Es wird erwogen, ob sich Fett- und Antikörpertransport gegenseitig beeinflussen können. Im Bürstensaum sind vor allem die Lactase während der 1. Hälfte der Säuglingsphase, aber auch die alkalische Phosphatase, ATPase, Naphthylamidasen und AMPase hochaktiv; die Maltase tritt erst im Verlauf der 3. Lebenswoche mit nennenswerter Aktivität auf.

Die Riesenlysosomen, die nur im distalen Intestinum vorhanden sind, entstehen in den Epithelzellen der oberen Kryptenzone apikal durch Konfluenz primärer, vom Golgi-Apparat abgeschnürter Lysosomen mit feingranulärer Matrix. Eine weitere Vergrößerung der Riesenlysosomen und ihre Versorgung mit sauren Hydrolasen geschieht dadurch, daß in den Saumzellen andere mit Granula und Vesikeln angefüllte, vom Golgi-Apparat und endoplasmatischem Reticulum gebildete (periphere) Lysosomen überall mit den Riesenlysosomen verschmelzen. Synchron mit der Ausbildung der Riesenlysosomen und mit Hilfe von Muttermilchbestandteilen differenziert sich das inframikrovilläre Membransystem; es dient hauptsächlich dem Transport von Muttermilchproteinen und vermutlich auch der Wiederaufnahme extrudierten Zellmaterials zur intraepithelialen Verdauung in die Riesenlysosomen. Histochemisch, mikrochemisch und/oder biochemisch lassen sich in den Riesenlysosomen 10 verschiedene Hydrolasen nachweisen (saure β-Galactosidase, N-Acetyl-β-glucosaminidase, β-Glucuronidase, saure Phosphatase, α-Galactosidase, α-Mannosidase, Sulfatase, alkalische Phosphatase, Carboxylesterasen, α-Glucosidase). Diese Enzyme besitzen ihre höchste Aktivität in den Zotten am Übergang vom unteren in das mittlere Zottendrittel und übertreffen die des proximalen Dünndarmepithels bei weitem. Die Absolutaktivitäten weichen stark voneinander ab. Bei den histochemischen Nachweisen sind die Reaktionsintensitäten in hohem Maße methodenabhängig. — Das inframikrovilläre Membransystem verfügt nur über alkalische Phosphatase. Im mittleren Zottendrittel nehmen Riesenlysosomen, inframikrovilläres Membransystem und saure Hydrolasenaktivität nicht weiter zu. Vielmehr inkorporieren hier und im oberen Villusdrittel die Saumzellen nur noch Makromoleküle und spalten sie. — Die Mikrovilli des unteren Dünndarms verfügen über die gleichen Hydrolasen wie die des oberen, die aber immer schwächer als proximal reagieren. Hieraus wird geschlossen, daß z.B. Disaccharide und Peptide vorwiegend im oberen Intestinum aufgenommen werden. — Die pH-Regulation in den Riesenlysosomen dürfte aktiv und passiv erfolgen: passiv durch anionische Gruppen der Lysosomenmatrix, aktiv durch saure Metaboliten und vielleicht durch eine ATPase-betriebene Protonenpumpe.

Die Mauserung der Enterocyten während der Säuglingsphase findet im proximalen und distalen Dünndarm ausschließlich an den Zottenspitzen statt. Dabei gehen der Extrusion elektronenmikroskopisch und enzymhistochemisch faßbare Veränderungen in den Saumzellen voraus; u.a. kommt es zu Cytoplasmaaufhellungen, Quellung von Organellen, Zerfall der Mikrovilli sowie zum Einreißen von Plasmalemm und Riesenlysosomenmembran. Die Ausstoßung hinterläßt vorübergehend eine nur von der Basalmembran überzogene Lücke im Epithelverband.

Die Rückbildungsphase kündigt sich bereits am Beginn der 3. Lebenswoche durch Abnahme der lysosomalen Enzymaktivitäten im distalen, der Lactase im oberen Intestinum, einem Anstieg der Maltase im proximalen sowie durch Erhöhung der Gallensäurekonzentration überall im Bürstensaum des Dünndarms an. Dabei sind exakte Angaben über den Anfang der Rückbildungsphase nur mikrochemisch und fluorescenzmikroskopisch möglich. Bei der enzymhistochemischen und elektronenmikroskopischen Untersuchung hält sie bis zum Ende der 3. Lebenswoche an. Spätestens am 23. LT sind im oberen Dünndarm die Saumzellen mit coated vesicles und im unteren die mit Riesenlysosomen durch aus den Krypten nachrückende Enterocyten ohne diese Organellen ersetzt; ferner fehlt in den erwachsenen Saumzellen ein inframikrovilläres Membransystem. Jetzt liegt ein reifes Darmepithel vor.

Die Regulation aller Vorgänge z.Z. der Darmepithelentwicklung wird als multifaktorielles Geschehen aufgefaßt. Den Beginn der pränatalen und Säuglingsphase dürften genetische Faktoren auslösen. Für den Abschluß der pränatalen Phase bzw. die Ausbildung regionaler Unterschiede sorgen vor allem die Kohlenhydrate der Muttermilch, ebenso für die Ausformung und Erhaltung der Riesenlysosomen sowie für die hohe Aktivität ihrer sauren Hydrolasen am Beginn und während der Säuglingsphase. Unter den endokrinen Drüsen spielt die Nebenniere eine wichtige, aber nicht allein entscheidende Rolle; ihre über die Geburt hinaus anhaltende relative Unreife im Verlauf der ersten 2 Lebenswochen verhindert offenbar, daß die beiden für die Säuglingsphase spezifischen Enterocytenarten vorzeitig gegen erwachsene Saumzellen ausgetauscht werden und die Normalentwicklung der Säuglinge gestört wird. Dabei werden mikrovilläre und lysosomale Hydrolasen im Dünndarm durch Nebennierenrindenhormone gegensinnig beeinflußt. Die Rückbildungsphase fällt mit der Ausreifung von Nebenniere, Immunsystem und Verdauungsdrüsen (Leber, Pankreas, Magen) sowie mit Umstellungen der Ernährung zusammen. Hierdurch kann bei Jungratten vermutlich auf passive Immunisierung und damit im proximalen Intestinum auf Enterocyten mit Transportsystem verzichtet werden und im distalen Dünndarm die intraluminale an die Stelle der intraepithelialen (lysosomalen) Verdauung treten.

Summary

Lysosomes in the Epithelium of the Intestine

A Developmental Investigation

The present investigation deals especially with lysosomes and lysosomal enzymes in the intestinal epithelium during development and with the regulation of the processes occurring in the epithelium in the course of this time. Beginning with 15 days of gestation 4 periods can be distinguished: 1. the prenatal phase (during which the intestinal epithelium prepares for postnatal functioning; 15 days gestation—1 day life), 2. the 1st postnatal period (suckling phase; 1 day—23 days life), 3. the 2nd postnatal phase (retrogression period; 17—23 days life) and 4. the 3rd postnatal phase (period of the adult intestinal epithelium). All phases change fluently into one another. The epithelium of the 4 periods mentioned is regulated endo- and exogeneously.

With the beginning of 15 days gestation the simple columnar epithelium proliferates rapidly without the participation of lysosomes and lysosomal enzymes and becomes stratified. On the contrary the following regression and transformation of the primitive intestinal epithelium is only achieved by means of lysosomes and acid hydrolases (acid phosphatase, N-acetyl-β-glucosaminidase, α-galactosidase, β-glucuronidase, α-mannosidase, acid β-galactosidase, carboxyl esterases). These enzymes appear from 16 days gestation onwards at the luminal side of the stratified epithelium and later also in its deeper layers. The histochemical results concerning the first occurrence of an enzyme are highly dependent on the pretreatment of the tissue and the substrate employed. Cell death and autophagic processes seem to be the most important events in connection with the regression of the stratified epithelium, the results of which are clefts and primary villi respectively. Fragments of dead cells may be reutilized by intact epithelial cells. At 18 days gestation mesenchyme grows in the primary villi and the definitive villi (secondary villi) are formed. Simultaneously the resorptive epithelium differentiates, e.g. an inframicrovillous membrane system develops as a derivative of the apical plasmalemm consisting of tubules, vesicles and vacuoles. Only in the outer layer of the stratified epithelium cell death cannot be observed. Here, beginning at 15 days gestation primary lysosomes are produced by the endoplasmic reticulum in the infranuclear cytoplasm of the epithelial cells. These basal lysosomes are not involved in the processes of cell death and autophagy. Especially in the distal intestine parallel with their displacement into the apical cytoplasm and the development of the secondary villi the basal lysosomes fuse and form the first generation of giant lysosomes. At this time the activity of lysosomal hydrolases increases in the distal intestine, whereas in the proximal one the same is true for the microvillous hydrolases during the last 2 days of pregnancy. As a consequence before birth regional differences exist already between the upper and lower intestine.

This last period of the prenatal phase coincides with the beginning of digestive function. However, their full functioning capability the enterocytes develop after birth. Then, in the distal intestine the inframicrovillous membrane system enlarges, the giant lysosomes get their definitive shape and size and all acid hydrolases increase for the second time. In the proximal intestine the enterocytes change their appearence, because they take up the main quantity of the lipids from the mother's milk. At the latest the whole intestinal epithelium is fully functioning at 4 days life. But it remains unclear why giant lysosomes develop only in the maturation zone of crypts in the lower intestine and not in the upper one, although in both parts of the gut the enteroblasts of the proliferation zone behave completely identical.

During the suckling period in the proximal intestine the enterocytes exhibit different stages of fat passage. In the absorptive cells of one single villus quantity, localization and arrangement of lipids differ. Most of the lipids are not altered during their passage through the enterocytes and cross the cells by means of the Golgi apparatus and the endoplasmic reticulum. The incorporation of lipids seems to be a passive event; pinocytosis and micropinocytosis are not involved. Number and length of the microvilli change depending on the quantity of fat incorporated. Therefore they are considered to represent transitory structures increasing the cell surface. Furthermore the enterocytes of the proximal intestine ingest those antibodies from the mother's milk being necessary for the passive immunisation of the newborn by means of a special transport system of phago-somes (parts of the inframicrovillous membrane system and coated vesicles), which are absent in the enterocytes of the lower intestine. It is discussed whether the passage of lipids and antibodies may influence one another. Especially in the brush border of the proximal intestine lactase is highly active during the first half of the sucklung period; but also alkaline phosphatase, ATPase and naphthylaminidases exhibit relatively high activities. Maltase increases in activity in the course of the 3rd week of life.

The giant lysosomes which exist only in the enterocytes of the distal intestine are formed in the epithelial cells of the upper crypts (maturation zone) by fusion of primary lysosomes (with fine granular matrix) deriving from the Golgi appa-ratus. By means of a second type of (peripheral) lysosomes, which contain gra-nules and vesicles and which are produced not only by the Golgi apparatus but also by the endoplasmic reticulum of the absorptive cells the giant lysosomes enlarge and lysosomal hydrolases are transported in them. Parallely with the formation of the giant lysosome and under the influence of mother's milk sub-stances the inframicrovillous membrane system differentiates, the main function of which is the transport of proteins from the breast milk in the intestinal lumen and of extruded cell material into the giant lysosome for intraepithelial digestion. Histochemically, microchemically and/or biochemically 13 different hydrolases can be demonstrated in the enterocytes of the lower intestine. Mostly they are acid hydrolases (acid β-galactosidase, N-acetyl-β-glucosaminidase, β-glucuroni-dase, acid phosphatase, α-galactosidase, α-mannosidase, α-fucosidase, alkaline phosphatase, carboxyl esterases, sulfatases, β-xylosidase, α- and β-glucosidase). Within the villi these enzymes exhibit their maximal activity at the border between the lower and middle third and are much more active in comparison with those of the proximal intestine; the absolute activities differ considerably. Using histochemical techniques the reaction intensity depends on the method (fixation, enzyme assay) employed. — The inframicrovillous membrane system contains only alkaline phosphatase. In the region of the middle third of the villi giant lysosomes, inframicrovillous membrane system and the activity of all hydrolases mentioned do not increase any longer. Here and in the upper region of the villi the enterocytes ingest and hydrolyse exclusively macromolecules from the lumen. — In comparison with the upper one in the microvilli of the lower intestine the same hydrolases react, but their activity is always far lower.

Therefore it is concluded that disaccharides and peptides are preferentially split in the proximal intestine. However, in principal they are attacked and absorbed in the brush border of the whole small intestine. — The pH within the giant lysosomes may be regulated by means of passive and active mechanisms. The passive mechanism seems to be connected with the anionic groups of the lysosomal matrix; for the active regulation acid metabolites and an H^+ pumping acid ATPase may be responsible.

During the suckling phase in the proximal and distal intestine death and loss of enterocytes occur mainly at the tips of the villi. Before the extrusion starts characteristic electron microscopic and histochemical changes happened, e.g. clearing of the cytoplasm, swelling of organelles, decomposition of microvilli and ruptures of the apical plasmalemm as well as of the giant lysosome's membrane. Following extrusion a small cavity appears temporarily in the epithelial layer being covered by the basal membrane.

The retrogression phase begins at the end of the 2nd week of life. Then lysosomal enzyme activities decrease in the distal and lactase in the proximal intestine, whereas maltase increases in the upper and the gall substances in the brush border of the whole small intestine. Correct data concerning the beginning of the retrogression period can only be obtained with microchemical and fluorescence microscopical techniques. Using the electron microscope or enzyme histochemistry the 2nd postnatal phase lasts till the end of the 3rd week of life. At 23 days life in the upper intestine all enterocytes with coated vesicles and in the lower one those containing giant lysosomes are replaced by another type of absorptive cells lacking these organelles. Furthermore these enterocytes do not exhibit any inframicrovillous membrane system. At this moment the adult intestinal epithelium exists.

The regulation of all processes during the development of the intestinal epithelium is considered to be a multifactorial event. For the beginning of the prenatal and suckling phase genetic factors seem to be responsible, whereas the end of the prenatal period and the formation of regional differences between the upper and lower intestine respectively are caused by the ingestion of carbohydrates from the mother's milk. These substances also induce and maintain the giant lysosome as well as the high activity of acid hydrolases at the beginning and in the course of the sucklung period. Among the endocrine glands the adrenal plays an important but not the single role. It is suggested that the relative immaturity of the adrenals during the first 2 weeks of life may prevent that the two types of enterocytes being necessary for the suckling period are not replaced precociously by adult columnar epithelial cells, because such a process would disturb the normal development of the newborn. The lysosomal and microvillous hydrolases are influenced in a contrary manner following administration of adrenal hormones. The retrogression period coincides with the maturity of the adrenals, immunological system, digestive glands (stomach, pancreas, liver) as well as with changes of nutrition. Therefore the young rat presumably does not need any longer passive immunisation and enterocytes with a special transport system in the upper intestine respectively, and in the distal intestine intraluminal digestion can take the place of intraepithelial (lysosomal) digestion.

Literatur

Adamstone, F. B.: Reaction of the Golgi apparatus of the epithelial cells of the rat to the ingestion of the neutral fat or fatty acids. J. Morph. **105**, 293—316 (1959)

Altmann, G. G.: Influence of bile and pancreatic secretion on the size of the intestinal villi. Am. J. Anat. **132**, 167—178 (1971)

Altmann, G. G., Enesco, M.: Cell number as a measure of distribution and renewal in the intestine of growing and adult rats. Am. J. Anat. **121**, 319—336 (1967)

Alvarez, A., Sas, J.: β-Galactosidase changes in the developing intestinal tract of the rat. Nature (Lond.) **190**, 826—827 (1961)

Andersen, H., Biering, F., Matthiesen, M., Egeberg, J., Bro-Rasmussen, F.: On the nature of the meconium corpuscles in human fetal intestinal epithelium. II. A cytochemical study. Acta path. microbiol. scand. **61**, 377–393 (1964)

Anderson, W. J.: Ultrastructural correlates of protein transport. J. Cell Biol. **19**, 4A—5A (1963)

Arnold, M.: Funktionsentwicklung der Magenschleimhaut des Goldhamsters. I. Drüsenmagen. Z. Zellforsch. **71**, 69—93 (1966)

Arthur, A. B.: Development of disaccharidase activity in the small intestine of the suckling mouse. N. Z. Med. J. **67**, 614—616 (1968)

Ashworth, L. T., Johnston, J. M.: The intestinal absorption of fatty acids: A biochemical and electron microscopical study. J. Lipid Res. **4**, 454—460 (1963)

Ashford, T. P., Porter, K. R.: Cytoplasmic components in hepatic cell lysosomes. J. Cell Biol. **12**, 198—213 (1962)

Asp, N.-G., Dahlquist, A.: Assay of 2-naphthyl-β-galactosidase activity. Analyt. Biochem. **42**, 275—280 (1971)

Asp, N.-G., Koldovsky, O., Hoskova, J.: β-Galactosidase activity of the jejunum and the ileum of new-born, suckling and weaned rats; comparison of activities of β-galactosidase toward different substrates at different pH. Physiol. Bohemoslov. **17**, 229 (1968)

Baggiolini, M., Hirsch, J. D., de Duve, C.: Resolution of granules from rabbit heterophil leucocytes into distinct populations by zonal sedimentation. J. Cell Biol. **40**, 529—541 (1969)

Baintner, K., Veress, B.: Longitudinal differentiation of the small intestine. Nature (Lond.) **215**, 774—776 (1967)

Baintner, K., Veress, B.: Complex changes in the suckling rat's small intestine by the end of the third week of life. Experientia **26**, 54—55 (1970)

Bamford, D. R.: Studies in vitro of the passage of serum proteins across the intestinal wall of young rats. Proc. roy. Soc. B **166**, 30—45 (1966)

Barka, T., Anderson, P. J.: Histochemical methods for acid phosphatase using hexazonium-p-rosanilin as coupler. J. Histochem. Cytochem. **10**, 741—753 (1962)

Barman, T. E.: Enzyme handbook, vol. I, II. Berlin-Heidelberg-New York: Springer 1970

Barrett, A. J.: Properties of lysosomal enzymes. In: Lysosomes in biology and pathology (Dingle, J. T., Fell, H. B., ed.), vol. I, pp. 245—312. Amsterdam-London: North Holland 1969

Barrett, A. J.: Lysosomal enzymes. In: Lysosomes. A laboratory handbook (J. T. Dingle, ed.), pp. 46—135. Amsterdam-London: North Holland 1972

Beams, H. W., Kessel, R. G.: The Golgi apparatus: structure and function. Intern. Rev. Cytol. **23**, 209—276 (1968)

Beaulaton, J., Lockshin, A. R.: Lysosomes and muscle degeneration. J. Cell Biol. **59**, 19a (1973)

Behnke, O.: Lysosomes in the differantiating epithelium of the small intestine. J. Ultrastruct. Res. **8**, 191 (1963a)

Behnke, O.: Demonstration of acid phosphatase containing granules and cytoplasmic bodies in the epithelium of the fetal rat duodenum during certain stages of differentiation. J. Cell Biol. **18**, 251—265 (1963b)

Bellairs, R.: Cell death in chick embryos as studied by electron microscopy. J. Anat. **95**, 54—60 (1961)

Bellamy, D., Leonhard, R. A.: The action of corticosteroids on proteolysis. Biochem. J. **98**, 581—586 (1966)

Bierring, F., Andersen, H., Egeberg, J., Bro-Rasmussen, F., Matthiessen, M.: On the nature of the meconium corpuscles in the human foetal intestinal epithelium. I. Electron microscopic studies. Acta path. microbiol. scand. **61**, 65—76 (1964)

Boas, A., Wilson, T. H.: Development of mechanisms for intestinal absorption of vitamin B_{12} in growing rats. Am. J. Physiol. **204**, 101—104 (1963)

Bonneville, M. A., Weinstock, M.: Brush border development in the intestinal absorptive cells of *Xenopus* during metamorphosis. J. Cell Biol. **44**, 151—171 (1970)

De Both, N. J., van Bongen, J. M., van Hofwegen, B., Keulemans, J., Visser, W. J., Galjaard, H.: The influence of various cell kinetic conditions on functional differentiation in the small intestine of the rat. A study of enzymes bound to subcellular organelles. Develop. Biol. **38**, 119—137 (1974)

Bowen, I. D.: Electron cytochemical studies on autophagy in the gut epithelial cells of the locust, *Schistocera gregaria*. Histochem. J. **1**, 141—151 (1968)

Bowers, W. E., de Duve, C.: Lysosomes in lymphoid tissue. III. Influence of various treatments of animals on the distribution of acid hydrolases. J. Cell Biol. **32**, 349—364 (1967)

Brambell, F. W. R.: The passive immunity of the young mammal. Biol. Rev. **33**, 488—531 (1958)

Brambell, F. W. R.: The transmission of immunity from mother to young and the catabolism of immunoglobulins. Lancet **2**, 1087—1093 (1966)

Brambell, F. W. R.: The transmission of passive immunity from mother to young, pp. 102—141. Amsterdam-London: North Holland 1970

Brambell, F. W. R., Halliday, R.: The route by which passive immunity is transmitted from mother to foetus in the rat. Proc. roy. Soc. B **145**, 170—178 (1959)

Brambell, F. W. R., Halliday, R., Morris, I.: Interference by human and bovine serum proteins fractions with the antibodies by suckling rats and mice. Proc. roy. Soc. B **149**, 1—11 (1958)

Brambell, F. W. R., Hemmings, W. A.: The transmission of antibodies from mother to fetus. In: The placenta and fetal membranes (Ville, C. A., ed.), pp. 71—84. New York: Williams & Wilkins 1960

Brandes, D.: Observation on the apparent mode of formation of "pure" lysosomes. J. Ultrastruct. Res. **12**, 63—80 (1965)

Brandes, D., Bertini, F., Smith, W. E.: Role of lysosomes in cellular lytic processes. II. Cell death during holocrine secretion of sebaceus glands. Exp. Mol. Path. **4**, 245—265 (1965)

Burstone, M. S.: Histochemical comparison of naphthol AS-phosphates for the demonstration of phosphatases. J. nat. Cancer Inst. **20**, 601—615 (1958a)

Burstone, M. S.: Histochemical demonstration of acid phosphatases with naphthol AS-phosphates. J. nat. Cancer Inst. **21**, 523—539 (1958b)

Buvat, R.: Origin and continuity of cell vacuoles. In: Origin and continuity of cell organelles (Reinert, J., Ursprung, H., eds.), pp. 127—157. Berlin-Heidelberg-New York: Springer 1971

Cardell, R. R., Badenhausen, S., Porter, K. R.: Intestinal triglyceride absorption in the rat. J. Cell Biol. **34**, 123—155 (1967)

Ceurremans, M.: Untersuchungen zur Fettresorption im Dünndarm der Ratte unter besonderer Berücksichtigung der Tagesrhythmik. Z. Zellforsch. **119**, 334—354 (1971)

Chang, J. P., Hori, S. H.: The section freeze-substitution technique: I. Method. J. Histochem. Cytochem. **9**, 292—300 (1961)

Chiquoine, A.: The distribution of glucose-6-phosphatase in the liver and the kidney of the mouse. J. Histochem. Cytochem. **1**, 429—435 (1953)

Christensen, E. J., Maunsbach, A. B.: Digestion of ^{125}I-labeled protein in lysosomes of proximal tubule cells incubated in vitro. J. Ultrastruct. Res. **44**, 445 (1973)

Clark, S. L.: Cellular differentiation in the kidneys of newborn mice studied with electron microscope. J. biophys. biochem. Cytol. **3**, 349—362 (1957)

Clark, S. L.: The ingestion of proteins and colloidal materials by columnar absorptive cells of the small intestine of suckling rats and mice. J. biophys. biochem. Cytol. **5**, 41—50 (1959)

Clark, S. L.: Alkaline phosphatase of the small intestine studied with the electron microscope in the suckling and adult mice. Anat. Rec. **139**, 216 (1961)

Clark, S. L.: Mechanisms of protein transport in the intestine and other animal cells. In: Macromolecular aspects of protein absorption and excretion in the mammalian intestine. Report of the 50th Ross Conference on Pediatric Research, pp. 51—57 (1965)

Clark, S. L.: Incorporation of sulfate by mouse thymus: its relation to secretion by medullary epithelial cells and to thymic lymphopoesis. J. exp. Med. **128**, 927—957 (1968)

Clark, S. L.: The effects of cortisol and BUDR on cellular differentiation in the small intestine in suckling rats. Am. J. Anat. **132**, 319—338 (1971)

Clarke, R. M., Hardy, R. N.: The use of (^{125}I) polyvinyl pyrrolidone K 60 in the quantitative assessment of the uptake of macromolecular substances by the intestine of the young rat. J. Physiol. (Lond.) **204**, 113—125 (1969 a)

Clarke, R. M., Hardy, R. N.: An analysis of the mechanism of cessation of uptake of macromolecular substances by the intestine of the young rat ("closure"). J. Physiol. (Lond.) **204**, 127—134 (1969 b)

Cohen, A.: Développement de l'activité phosphatasique alcaline au niveau de l'intestine d'embryons de rats. C. R. Soc. Biol. (Paris) **151**, 918—921 (1957)

Cohen, A.: Electron microscopic observations of the developing mouse eye. Develop. Biol. **3**, 297—308 (1961)

O'Connor, T. M.: Cell dynamics in the intestine of the mouse from late fetal life to maturity. Am. J. Anat. **118**, 525—536 (1966)

Cook, C. M. W.: The Golgi apparatus: form and function. In: Lysosomes in biology and pathology (J. T. Dingle, ed.), vol. III, pp. 237—277. Amsterdam-London: North Holland 1973

Cook, R. M., Powell, P. M., Moog, F.: The influence of biliary stasis on the activity and distribution of maltase, sucrase, alkaline phosphatase and leucyl aminopeptidase in the small intestine. Gastroenterology **64**, 411—420 (1973)

Cornell, R., Padykula, H. A.: A cytological study of the intestinal absorption in the suckling rat. Am. J. Anat. **125**, 291—316 (1969)

Daniels, V. G.: The effect of diet on the time of intestinal macromolecule absorption in the new-born rat. J. Physiol. **226**, 112—114 (1972)

Daniels, V. G., Hardy, R. N.: The influence of some endocrine organs on the uptake of macromolecules in the new-born rat intestine. Proc. Int. Union of Physiol. Sciences, vol. IX, p. 130. Munich: German Physiological Society 1971

Daniels, V. G., Hardy, R. N.: The role of the adrenal gland in the control of intestinal absorption of macromolecules by the young rat. Experientia **28**, 272 (1972)

Daniels, V. G., Hardy, R. N., Malinovska, K. W.: The influence of exogenous steroids on macromolecules uptake by the small intestine of the new-born rat. J. Physiol. **229**, 681—695 (1973 a)

Daniels, V. G., Hardy, R. N., Malinovska, K. W.: The effect of adrenalectomy or pharmacological inhibition of adrenocortical function on macromolecules uptake by the new-born rat intestine. J. Physiol. **229**, 697—707 (1973 b)

Daniels, V. G., Hardy, R. N., Malinovska, K. W., Nathanielsz, P. W.: Adrenocortical hormones and the absorption of macromolecules by the small intestine of the young rat. J. Endocr. **52**, 405—406 (1973)

Danovitch, S. H., Laster, L.: The development of arylsulfatase in the small intestine of the rat. Biochem. J. **114**, 343—350 (1969)

David, H.: Zellschädigung und Dysfunktion. Protoplasmatologia. Hdb. der Protoplasmaforschung (Alfert, M., Bauer, H., Harding, C. V., Sandritter, W., Sitte, P., Hrsg.), Bd. X, 1. Wien-New York: Springer 1970.

Davidson, S. J.: Protein absorption by renal cells. II. Very rapid lysosomal digestion of exogenous ribonuclease in vitro. J. Cell Biol. **59**, 213—222 (1973)

Davidson, S. J., Hughes, W. L., Barnwell, A.: Renal absorption into subcellular particles. I. Studies with intact kidneys and fractionated homogenates. Exp. Cell Res. **67**, 171—187 (1971)

Davis, B. J.: Histochemical demonstration of erythrocyte esterase. Proc. Soc. exp. Biol. (N.Y.) **101**, 90—93 (1958)

Denker, H. W.: Protease substrate film test. Histochemistry **38**, 331—338 (1974)

Deren, J. J.: Development of intestinal structure and function. In: Handbook of Physiology. Alimentary Canal, vol. III. Intestinal absorption (Code, C. F., ed.), pp. 1099—1123. Baltimore: Williams & Wilkins 1968

Dermer, G. B.: Ultrastructural changes in the microvillous plasma membrane during lipid absorption and the form of absorbed lipid: An *in vivo* study. J. Ultrastruct. Res. **20**, 51—71 (1967)

Dixon, M., Webb, E. D.: Enzymes. London: Longmans 1967

Doell, R. G., Kretschmer, N.: Studies of small intestine during development. I. Distribution and activity of β-galactosidase. Biochim. biophys. Acta (Amst.) **62**, 353—362 (1962)

Doell, R. G., Kretschmer, N.: Intestinal invertase: precocious development of activity after injection of hydrocortisone. Science **143**, 42—44 (1964)

Doell, R. G., Rosen, G., Kretschmer, N.: Immunochemical studies of the intestinal disaccharidases during normal and precocious development. Proc. nat. Acad. Sci. (Wash.) **54**, 1268—1273 (1965)

Dunn, J. S.: The fine structure of the absorptive epithelial cells of the developing small intestine of the rat. J. Anat. (Lond.) **101**, 57—68 (1967)

De Duve, D., Wattiaux, R.: Functions of lysosomes. Ann. Rev. Physiol. **28**, 435—492 (1966)

Ericsson, J. L. E.: Studies on induced cellular autophagy. I. Electron microscopy of cells with in vivo labelled lysosomes. Exp. Cell Res. **55**, 95—106 (1969a)

Ericsson, J. L. E.: Studies on cellular autophagy. II. Characterization of membranes bordering autophagosomes in parenchymal liver cells. Exp. Cell Res. **56**, 393—405 (1969b)

Ericsson, J. L. E.: Mechanism of cellular autophagy. In: Lysosomes in biology and pathology (Dingle, J. T., Fell, H. B., eds.), vol. II, pp. 345—394. Amsterdam-London: North Holland 1969c

Ericsson, J. L. E., Trump, B. F.: Observations on the application of electron microscopy of the lead phosphate technique for the demonstration of acid phosphatase. Histochemie **4**, 470—487 (1965)

Farb, M. R., Mego, J. L.: Inhibition of proteolysis in lysosomes by inhibitors of cellular energy processes: evidence of an energy requirement for lysosomal function. J. Cell Biol. **97a** (1973)

Fawcett, D. W.: Surface specializations of absorbing cells. J. Histochem. Cytochem. **13**, 75—91 (1965)

Fleischman, J. B.: Immunoglobulins. Ann. Rev. Biochem. **35**, 835—872 (1966)

Follet, E. A. C., Goldman, R. D.: The occurence of microvilli during spreading and growth of BHK21/C13 fibroblasts. Exp. Cell Res. **59**, 124—136 (1970)

Galand, G., Jacquot, R.: Effect of hydrocortisone and adrenalectomy on sucrase activity in rat intestine during weaning. C. R. Acad. Sci. D **271**, 1107—1114 (1970)

Galjaard, H.: Some unresolved questions relevant to intestinal adaptation. In: Intestinal adaptation (Dowling, R. H., Riecken, E. O., eds.), pp. 263—267. Stuttgart-New York: Schattauer 1974

Gallassi, L.: Reutilisation of maternal nuclear material by embryonic and trophoblastic cells in the rat for the synthesis of desoxyribonucleic acid. J. Histochem. Cytochem. **15**, 573—579 (1967)

Gauthier, G. F., Landis, S. C.: The relationship of ultrastructural and cytochemical features to absorptive activity in the goldfish intestine. Anat. Rec. **172**, 675—702 (1972)

Gelehrter, T. D.: Mechanisms of hormonal induction of enzymes. Metabolism **22**, 85—100 (1973)

Geyer, G.: Ultrahistochemie. Stuttgart: Fischer 1973

Ginsburg, V., Neufeld, E. F.: Complex heterosaccharides of animals. Ann. Rev. Biochem. **38**, 371—388 (1969)

Glücksmann, A.: Über die Bedeutung von Zellvorgängen für die Formbildung epithelialer Organe (Linse, Augenblase, Neuralrohr usw.). Z. Anat. Entwickl.-Gesch. **93**, 35—92 (1930)

Glücksmann, A.: Über die Entwicklung der quergestreiften Muskulatur und ihre funktionellen Beziehungen zum Skelett in der Ontogenie und Phylogenie der Wirbeltiere. Z. Anat. Entwickl.-Gesch. **103**, 303—370 (1934)

Glücksmann, A.: Cell death in normal vertebrate ontogeny. Biol. Rev. **26**, 59—86 (1951)

Glücksmann, A.: Cell death in normal development. Arch. Biol. (Liège) **76**, 419—437 (1965)

Gomori, G.: Microtechnical demonstration of phosphatase in tissue sections. Proc. Soc. exp. Biol. Med. **42**, 23—29 (1939)

Gomori, G.: Histochemical methods for acid phosphatase. J. Histochem. Cytochem. **4**, 453—461 (1956)

Gordon, A. H.: The role of lysosomes in protein catabolism. In: Lysosomes in biology and pathology (Dingle, J. T., ed.), vol. III, pp. 89—137. Amsterdam-London: North Holland 1973

Gossrau, R.: Histochemische, fluoreszenzmikroskopische und experimentelle Untersuchungen am Reizleitungssystem von Goldhamster, Maus und Ratte. Histochemie **26**, 44—60 (1971)

Gossrau, R.: Verwendung der Gefriertrocknung nach Lowry in der Histochemie. Histochemie **29**, 185—188 (1972a)

Gossrau, R.: On the histochemical demonstration of N-acetyl-β-galactosaminidase. Histochemie **29**, 315—325 (1972b)

Gossrau, R.: Über den histochemischen Nachweis der β-Glucosidase mit 1-Naphthyl-β-glucopyranosid. Histochemie **34**, 163—176 (1973a)

Gossrau, R.: Über die β-Glucosidase und Lactase im Darm von Vertebraten. Histochemie **35**, 143—151 (1973b)

Gossrau, R.: Über den histochemischen und mikrochemischen Nachweis der β-Galactosidase mit 1-Naphthyl-β-galactopyranosid. Histochemie **35**, 199—218 (1973c)

Gossrau, R.: Über den histochemischen Nachweis der β-Glucuronidase, α-Galactosidase und α-Mannosidase mit 1-Naphthylglykosiden. Histochemie **36**, 367—381 (1973d)

Gossrau, R.: Untersuchung der N-Acetyl-β-glucosaminidase mit 1-Naphthyl-N-acetyl-β-glucosaminid. Histochemie **37**, 169—185 (1973e)

Gossrau, R.: Splitting of naphthol AS-BI-β-galactoside by acid β-galactosidase. Histochemie **37**, 89—91 (1973f)

Gossrau, R.: Zur Histochemie und Mikrochemie der Darmentwicklung. Anat. Anz. (1973g im Druck)

Gossrau, R.: Fehlermöglichkeiten bei Enzymnachweisen mit Naphthylderivaten. Acta histochemica (1973h, im Druck)

Gossrau, R.: Zur Histochemie des Nephrons. Anat. Anz. **134** (Erg.-Heft), 59—63 (1973i)

Gossrau, R.: Zur Enzymhistochemie resorbierender Oberflächen in Darm und Niere. Ber. Physik.-med. Ges. (Würzburg) (1974a, im Druck)

Gossrau, R.: Zur Enterozytenmauserung während der Darmentwicklung. Anat. Anz. (1974b, im Druck)

Gossrau, R.: Zur Histochemie der Aminosäure-Naphthylamidasen. Acta histochemica (1974c, im Druck)

Gossrau, R.: unveröff. (1974d)

Grad, B., Stevens, C. E.: Histological changes produced by a single injection of radioactive phosphorus (P^{32}) into albino rats and C3H mice. Cancer Res. **10**, 289—296 (1959)

Graney, D. O.: Ultrastructure of the apical plasma membrane of intestinal cells. Anat. Rec. **148**, 373—385 (1964)

Graney, D. O.: The uptake and fate of tracer protein in the intestinal epithelium of the suckling rat. Ph. D. thesis, Univ. California, San Francisco 1965

Graney, D. O.: The uptake of ferritin by ileal absorptive cells in suckling rats. An electron microscopic study. Am. J. Anat. **123**, 227—254 (1968)

Hahn, P., Koldovsky, O.: Utilization of nutritents during development. Oxford: Pergamon Press 1966

Halliday, R.: The absorption of antibodies from immune sera by gut of the young rat. Proc. roy. Soc. B **143**, 408—413 (1955a)

Halliday, R.: Prenatal and postnatal transmission of passive immunity to young rats. Proc. roy. Soc. B **144**, 427—430 (1955b)

Halliday, R.: The effect of steroid hormones on the absorption of antibodies by the young rat. J. Endocrinol. **18**, 56—66 (1959)

Hayashi, M.: Histochemical demonstration of N-acetyl-β-glucosaminidase employing N-acetyl-β-glucosaminide as substrate. J. Histochem. Cytochem. **13**, 355—360 (1965)

Hayashi, M., Nakajima, Y., Fishman, W. H.: The cytologic demonstration of β-glucuronidase employing naphthol AS-BI and hexazonium-p-rosanilin; a preliminary report. J. Histochem. Cytochem. **12**, 293—297 (1964)

Hayward, A. F.: Ultrastructural changes associated with the onset of pinocytosis in the epithelium of the developing small intestine. J. Anat. (Lond.) **101**, 615 (1967a)

Hayward, A. F.: Changes in the fine structure of developing intestinal epithelium associated with pinocytosis. J. Anat. (Lond.) **102**, 57—70 (1967b)

Hébert, S.: Les phosphatases alcalines de l'intestin. Étude histochimique experimentale. Arch. Biol. (Liège) **61**, 235—289 (1950)

Herbst, J. J., Koldovsky, O.: Cell migration and cortisone induction in jejunum and ileum. Biochem. J. **126**, 471—476 (1972)

Heringová, A., Jirsová, V., Koldovský, O.: Postnatal development of β-glucuronidase in the jejunum and ilium of rats. Canad. J. Biochem. **43**, 173—178 (1965)

Heringová, A., Koldovský, O., Jirsová, V., Uher, J., Noack, T., Friedrich, M., Schenk, G. (1966): zit. nach Danovitch und Laster 1969)

Hijmans, J. C., McCarty, K. S.: Induction of invertase activity by hydrocortisone in chick embryo duodenum cultures. Proc. Soc. exp. Biol. (N.Y.) 123, 633—637 (1966)

Hoffmann, A. F., Borgström, B.: Physicochemical state of lipids in intestinal content during their digestion and absorption. Fed. Proc. 21, 43—50 (1962)

Hogben, C. A. M.: The alimentary tract. Ann. Rev. Physiol. 22, 381—406 (1960)

Hooper, C. E.: Cell turnover in epithelial populations. J. Histochem. Cytochem. 4, 531—540 (1956)

Hsu, L., Tappel, A. L.: Lysosomal enzymes of rat intestinal mucosa. J. Cell Biol. 23, 233—240 (1964)

Hsu, L., Tappel, A. L.: Catheptic activity of the gastrointestinal tract, liver, spleen, and kidney of the rat. Nature 207, 1200 (1965a)

Hsu, L., Tappel, A.: Lysosomal enzymes and mucopolysaccharides in the gastrointestinal tract of the rat and pig. Biochim. biophys. Acta (Amst.) 101, 83—89 (1965b)

Hugon, J. S., Borgers, M.: Ultrastructural differentiation and enzymatic localization of phosphatases in the developing duodenal epithelium of the mouse. I. The foetal mouse. Histochemie 19, 13—30 (1969)

Hugon, J. S.: Ultrastructural differentiation and enzymatic localization of phosphatase in the developing duodenal epithelium of the mouse. II. The newborn mouse. Histochemie 22, 109—124 (1970)

Hugon, J. S., Borgers, M.: A direct lead method for the electron microscopic visualisation of alkaline phosphatase activity. J. Histochem. Cytochem. 14, 429—431 (1966a)

Hugon, J. S., Borgers, M.: Ultrastructural localization of alkaline phosphatase in the absorbing cells of the duodenum of the mouse. J. Histochem. Cytochem. 14, 629—640 (1966b)

Hugon, J. S., Borgers, M.: Fine structural localization of lysosomal enzymes in the absorbing cells of the duodenal mucosa of the mouse. J. Cell Biol. 33, 212—218 (1967a)

Hugon, J. S., Borgers, M.: Submicroscopic localization of alkaline phosphatase activity in the duodenum of the rat. Exp. Cell Res. 45, 698—702 (1967b)

Hugon, J. S., Borgers, M.: Fine structural localization of acid and alkaline phosphatase activities in the absorbing cells of the duodenum of rodents. Histochemie 12, 42—66 (1968)

Hummel, K.: The structure and development of the lymphatic tissue in the intestine of the albino rat. J. Anat. 57, 351—384 (1935)

Ichihava, J., Sautti, R. S., Pelliniemi, L. J.: Effects of testosterone, hydrocortisone and insulin on the fine structure of the epithelium of rat ventral prostate in organ culture. Z. Zellforsch. 143, 425—438 (1973)

Iwai, T.: Fine structure and absorption patterns of intestinal epithelial cells in rainbow trout alveus. Z. Zellforsch. 91, 366—397 (1968)

Jacques, P. J.: Endocytosis. In: Lysosomes in biology and pathology (Dingle, J. D., Fell, H. B., eds.), vol. II, pp. 395—420. Amsterdam-London: North Holland 1969

Jeal, F.: Functional changes in the intestinal mucosa of the young rat. Ph. D. thesis, Univ. Wales 1965

Jersild, R. A.: A time sequence study of the fat absorption in the rat jejunum. Am. J. Anat. 118, 135—162 (1966)

Jersild, R. A., Clayton, R. T.: A comparison of the morphology of lipid absorption in the jejunum and ilium of the adult rat. Am. J. Anat. 131, 481—504 (1971)

Jervis, J. R.: Enzymes in the mucosa of the small intestine of the rat, guinea-pig, and the rabbit. J. Histochem. 11, 692—699 (1963)

Johnson, G. F.: Intestinal invertase activity and a macromolecular repeating unit of hamster brush border plasma membrane. In: Electron microscopy (Uyeda, R., ed.), vol. II. pp. 389—390. Tokyo: Maruzen 1966

Johnston, J. M.: Recent developments in the mechanism of fat absorption. In: Advances in lipid research (Paoletti, P. P., Kritschevsky, D., eds.), pp. 105—131. New York: Academic Press 1963

Johnston, J. M.: Mechanism of fat absorption. In: Handbook of physiology. Alimentary channel, vol. III. Intestinal absorption (Code, C. F., ed.), pp. 1353—1375. Baltimore: Williams & Wilkins 1968

Jones, E. E.: Intestinal absorption and gastrointestinal digestion of proteins in the young rat during normal and cortisone-induced post closure period. Biochim. biophys. Acta (Amst.) 274, 412—419 (1972)

Jongkind, J. F.: 1970 pers. Mitt.

Joseph, J., Tydd, M.: The effects of cortisone acetate on tissue regeneration in the rabbit's ear. J. Anat. (Lond.) 115, 445—460 (1973)

Josephson, R. L., Altmann, G. G.: Variation of the silver staining of the Golgi complex along the epithelium of the intestinal villi in the adult rat. Anat. Rec. 173, 221—224 (1972)

Kammeraad, A.: The development of the gastrointestinal tract of the rat. I. Histogenesis of the epithelium of the stomach, small intestine and pancreas. J. Morph. 70, 323—351 (1942)

Kelley, R. O.: An ultrastructural and cytochemical study of the developing small intestine in man. J. Embryol. exp. Morph. 29, 411—430 (1973)

Kenney, F. T., Reel, J. R.: Hormonal regulation of enzyme synthesis: transcriptional or translational control ? In: Hormones in development (Hamburgh, M., Barrington, E. J. W., eds.), pp. 161—167. New York: Meredith 1971

Kilkowska-Chadzypanagiotis, K.: The effect of ACTH and cortisone on behavior of aryl-sulfate in intestine mucosa of white rats. Acta histochem. (Jena) 38, 305—310 (1970)

Knutton, S., Limbrick, A. R., Robertson, J. D.: Regular structures in membranes. I. Membranes in the endocytotic complex of the ileal epithelial cells. J. Cell Biol. 62, 679—694 (1974)

Koenig, H.: Lysosomes in the nervous system. In: Lysosomes in biology and pathology (Dingle, J. T., Fell, H. B., eds.), vol. II, pp. 111—162. Amsterdam-London: North Holland 1969

Koldovský, O.: Development of functions of small intestine in mamals and mouse. Basel-New York: Karger 1969

Koldovský, O., Chytil, F.: Postnatal development of β-galactosidase activity in the small intestine of the rat (Effect of adrenalectomy and diet). Biochem. J. 94, 266—270 (1965)

Koldovský, O., Faltová, E., Hahn, P., Vacek, Z.: The functional development of the gastrointestinal tract in rats. In: The development of homeostasis (Adolph, E. F., ed.), pp. 155—163. Prag: Publishing House of the Czechoslowak Academy of Sciences 1961

Koldovský, O., Hahn, P., Melichor, V., Novák, M., Procházka, P., Rokos, J., Vacek, Z.: Absorption and transport of lipids from the small intestine of infant rats. Biochim. biophys. Acta (Amst.) 1, 162—171 (1963)

Koldovský, O., Heringová, A., Hosková, A., Jirsevá, V., Noack, R., Friedrich, M., Schenk, G.: The postnatal development of enzyme activities of the small intestine. Biol. neonat. 9, 33—43 (1966)

Koldovský, O., Heringová, A., Jirsová, V.: Effect of aldosterone and corticosterone on β-galactosidase and invertase activity in the small intestine of rats. Nature (Lond.) 206, 300—301 (1965a)

Koldovský, O., Heringevá, A., Jirsová, V.: Activity of β-glucosidase in the jejunum and ileum of the rat during development. Physiol. Bohemoslov. 14, 228—232 (1965b)

Koldovský, O., Palmieri, M., Jumawan, J.: Inhibition of cortisone evoked increase of intestinal sucrase by actinomycin D. Proc. Soc. exp. Biol. Med. 140, 1108—1110 (1972)

Koldovský, O., Sunshine, P.: Effect of cortisone on the developmental pattern of the neutral and acid β-galactosidase of the small intestine of the rat. Biochem. J. 117, 467—471 (1970)

Koldovský, O., Sunshine, P., Kretschmer, N.: Cellular migration of intestinal epithelia in suckling and weaned rats. Nature (Lond.) 212, 1389—1390 (1966)

Kraehenbühl, J. P., Campiche, M. A.: Early stages of intestinal absorption of specific antibodies in the new-born. An ultrastructural, cytochemical and immunological study in the pig, rat, and rabbit. J. Cell Biol. 42, 345—365 (1969)

Kraehenbühl, J. P., Gloar, E., Blanc, B.: Morphologie comparée de la muqueuse intestinale de deux espèces animals aux possibilités d'absorption protéíque néonatale differéntes. Z. Zellforsch. 70, 209—219 (1966)

Kraehenbühl, J. P., Gloar, E., Blanc, B.: Résorption intestinale de la ferritine chez deux espèces animales aux possibilités d'absorption protéíque neonatale differéntes. Z. Zellforsch. 76, 170—186 (1967)

Krause, W. J.: Light and electron microscopic studies on the gastrointestinal tract of the suckling echidna (*Tachyglossus aculeatus*). Anat. Rec. 172, 603—622 (1972)

Kristić, R., Pexieder, T.: Ultrastructure of cell death in bulbar cushions of the chick embryo heart. Z. Anat. Entwickl.-Gesch. 140, 337—350 (1973)

Kubat, K., Koldovský, O.: The oxidative enzymes in the wall of the small intestine of young rats during postnatal development. Acta histochemica (Jena) 33, 75—85 (1969)

Lacy, D., Taylor, A. B.: Fat absorption by epithelial cells of the small intestine of the rat. Am. J. Anat. 110, 155—185 (1962)

Ladman, A. J., Padykula, H. A., Strauss, E. W.: A morphological study of fat transport in the normal human jejunum. Am. J. Anat. **112**, 389—421 (1963)

Laster, L., Ingelfinger, F. J.: Intestinal absorption. Aspects of structure, function and disease of the small intestine mucosa. New England J. Med. **264**, 1138—1148 (1961)

Laws, B. M., Moore, J. H.: The lipase and esterase activities of the pancreas and small intestine of the chick. Biochem. J. **87**, 632—638 (1963)

Leblond, C. P., Stevens, C. E.: The constant renewal of the intestinal epithelium in the albino rat. Anat. Rec. **100**, 357—377 (1948)

Levin, R. J.: The effects of hormones on the absorptive, metabolic and digestive functions of the small intestine. J. Endocr. **45**, 315—348 (1969)

Levin, R. J.: A brief overview of the influence of the thyroid on intestinal function. In: Intestinal adaptation (Dowling, R. H., Riecken, E. O., eds.), pp. 254—261. Stuttgart-New York: Schattauer 1974

Lindberg, T., Owman, C.: Intestinal dipeptidase activity in the small intestine of the rat as related to the development of the intestinal mucosa. Acta physiol. scand. **68**, 141—151 (1966)

Lineweaver, H., Burk, D.: The determination of enzyme dissociation constants. J. Am. chem. Soc. **56**, 658—666 (1934)

Ling, E. R., Kon, S. K., Porter, J. W. G.: The composition of milk and the nutritive value of its components. In: Milk. The mammary gland and its secretion (Kon, S. K., Cowie, A. T., eds.), vol. II, pp. 195—263. New York-London: Academic Press 1961

Lockshin, R. A., Beaulaton, J.: Programmed cell death. Cytochemical evidence for lysosomes during the normal breakdown of intersegmental muscles. J. Ultrastruct. Res. **46**, 43—62 (1974)

Lojda, Z.: Some remarks concerning the histochemical detection of disaccharidases and glucosidases. Histochemie **5**, 339—360 (1965)

Lojda, Z.: Indigogenic methods for glycosidases. I. An improved method for β-glucosidase and its application to localization studies of intestinal and renal enzymes. Histochemie **22**, 347—361 (1970a)

Lojda, Z.: Indigogenic methods for glycosidases. II. An improved method for β-galactosidase and its application to localization studies of the enzymes in the intestine and other tissues. Histochemie **23**, 266—288 (1970b)

Lojda, Z.: Zytologie und Zytochemie des Enterozyten. Anat. Anz. **130** (Erg.-Heft), 19—39 (1971)

Lojda, Z.: Aktuelle Probleme der Cytochemie der lysosomalen Hydrolasen. Acta morph. hung. **20**, 269—293 (1972)

Lojda, Z.: Histochemical methods for acid β-galactosidase: Technics for semipermeable membranes. Histochemie **37**, 375—378 (1973)

Lojda, Z.: 1974 (pers. Mitt.)

Lojda, Z., Fric, P., Jodl, J., Chmelik, V.: Cytochemistry of the human jejunal mucosa in the norm and in malabsorption syndrome. C. T. Path. **52**, 1—63 (1970)

Lojda, Z., Kraml, J.: Indigogenic methods for glycosidases. III. An improved method with 4-Cl-5-Br-3-indolyl-β-D-fucoside and its application in studies of enzymes in the intestine, kidney, and other tissues. Histochemie **25**, 195—207 (1971)

Lojda, Z., Slabý, J., Kraml, J., Kolínská, J.: Synthetic substrates in the histochemical demonstration of intestinal disaccharidases. Histochemie **34**, 361—369 (1973)

Lucy, J. A.: Lysosomal membranes. In: Lysosomes in biology and pathology (Dingle, J. T., Fell, H. B., eds.), vol. II, pp. 313—341. Amsterdam-London: North Holland 1969

Maack, T., Mackenzie, D. D. S., Kinter, W. B.: Intracellular pathways of renal reabsorption of lysozyme. Am. J. Physiol. **221**, 1609—1616 (1971)

Macho, L., Strbák, V., Strážovcová, A.: The effect of premature weaning on thyroid and adrenal gland functions in the rat. In: Hormones in development (Hamburgh, M., Barrington, E. J. W., eds.), pp. 801—807. New York: Meredith 1971

Marshall, R. D.: Glycoproteins. Ann. Rev. Biochem. **34**, 673—702 (1972)

Maunsbach, A. B.: Functions of lysosomes in kidney cells. In: Lysosomes in biology and pathology (Dingle, J. T., Fell, H. B., eds.), vol. I, pp. 115—154. Amsterdam-London: North Holland 1969

Mayersbach, H. v.: Zur Frage des Proteinüberganges von der Mutter zum Föten. I. Befunde an Ratten am Ende der Schwangerschaft. Z. Zellforsch. **48**, 479—504 (1958)

Mego, J. L.: Protein digestion in isolated heterolysosomes. In: Lysosomes in pathology and biology (Dingle, J.T., ed.), vol. III, pp. 138—168. Amsterdam-London: North Holland 1973

Mego, J. L., McQueen, J. D.: Possible evidence for a mechanism which maintains an acid pH within lysosomes. J. Cell Biol. **35**, 176A (1967)

Meijer, A. E. F. H.: Semipermeable membranes for improving the histochemical demonstration of enzyme activities in tissue sections. I. Acid phosphatase. Histochemie **30**, 31—39 (1972)

Moe, H., Rostgaard, J., Behnke, O.: On the morphology and origin of virgin lysosomes in the intestinal epithelium of the rat. J. Ultrastr. Res. **12**, 396—403 (1965)

Michaels, J. E., Albright, J. T., Patt, D. D.: Fine structural observations on cell death in the epidermis of the external gills of the larval frog, *Rana pipiens*. Am. J. Anat. **132**, 301—318 (1971)

Möllendorf, W. v.: Beiträge zur Kenntnis der Stoffwanderungen bei wachsenden Organismen. IV. Die Einschaltung des Farbstofftransportes in die Resorption bei Tieren verschiedenen Lebensalters. Histophysiologische Beiträge zum Resorptionsproblem. Z. Zellforsch. **2**, 129—202 (1925)

Monis, B., Wasserkrug, H., Seligman, A. M.: Comparison of fixatives and substrates for aminopeptidase. J. Histochem. Cytochem. **13**, 503—509 (1965)

Moog, F.: The functional differentiation of the small intestine. II. The differentiation of alkaline phosphomonoesterase in the duodenum of the mouse. J. exp. Zool. **118**, 187—207 (1951)

Moog, F.: The functional differentiation of the small intestine. III. The influence of the pituitary-adrenal system on the differentiation of phosphatase in the duodenum of the suckling mouse. J. exp. Zool. **124**, 329—346 (1953)

Moog, F.: Regional differentiation of alkaline phosphatase in the small intestine of the mouse from birth to one year. Develop. Biol. **3**, 153—174 (1961)

Moog, F.: Developmental adaptations of alkaline phosphatase in the small intestine. Fed. Proc. **21**, 51—56 (1962)

Moog, F.: The regulation of alkaline phosphatase activity in the duodenum of the mouse from birth to maturity. J. exp. Zool. **161**, 353—368 (1966)

Moog, F.: Corticoids and the enzyme maturation of the intestinal surface: alkaline phosphatase, leucyl aminopeptidase, and sucrase. In: Hormones in development (Hamburgh, M., Barrington, E. J. W., eds.), pp. 143—160. New York: Meredith 1971

Moog, F., Birkenmeier, E., Glazier, H. S.: Leucyl naphthylamidase activity in the small intestine of the mouse: normal development and influence of cortisone and antibiotics. Develop. Biol. **25**, 398—419 (1971)

Moog, F., Denes, A. E., Powell, P. M.: Disaccharidases in the small intestine of the mouse: normal development and influence of cortisone, actinomycine D, and cycloheximide. Develop. Biol. **35**, 143—159 (1973)

Moog, F., Richardson, D.: The functional differentiation of the small intestine. IV. The influence of adrenocortical hormones on differentiation and phosphatase synthesis in the duodenum of the chick embryo. J. exp. Zool. **130**, 29—55 (1955)

Moog, F., Thomas, E. R.: The influence of various adrenal and gonadal steroids on the accumulation of alkaline phosphatase in the duodenum of the suckling mouse. Endocrinology **56**, 187—196 (1955)

Moon, H. W.: Vacuolated villous epithelium of the small intestine of young pigs. Vet. Pathol. **9**, 3—21 (1972)

Morré, D. J., Mollenhauer, H. H., Bracker, C. E.: Origin and continuity of Golgi apparatus. In: Origin and continuity of cell organelles (Reinert, J., Ursprung, H., eds.), pp. 82—126. Berlin-Heidelberg-New York: Springer 1971

Morris, I. G.: The transmission of anti-*Brucella abortus* agglutinins across the gut in young rats. Proc. roy. Soc. B **163**, 402—416 (1965)

Morris, I. G.: Gamma globulin absorption in the newborn. In: Handbook of physiology. Alimentary canal, vol. III. Intestinal absorption (Code, C. F., ed.), pp. 1491—1512. Baltimore: Williams & Wilkins 1968

Mossinger, V., Placer, Z., Koldovský, O.: Passage of insulin through the wall of the gastrointestinal tract of the infant rat. Nature (Lond.) **184**, 1245—1246 (1959)

Müller, M.: Biochemical cytology of trichomonad flagellates. I. Subcellular localization of hydrolases, dehydrogenases and catalase in *Tritrichomonas foetus*. J. Cell Biol. **57**, 453—474 (1973)

Müller, M., Röhlich, P., Tóth, J., Rörö, I.: Fine structure and enzymic activity of protozoan food vacuoles. In: Lysosomes (de Reuck, A. V. S., Pameran, M., eds.), pp. 201—225. London: Churchill 1963.

Nachlas, M. M., Crawford, D. T., Seligman, A. M.: The histochemical demonstration of leucine aminopeptidase. J. Histochem. Cytochem. 5, 264—278 (1957)

Noack, R., Koldovský, O., Friedrich, M., Heringová, A., Jirsová, V., Schenk, G.: Proteolytic and peptidase activity of the jejunum and ilium of the rat during postnatal development. Biochem. J. 100, 775—778 (1966)

Noaillac-Depeyre, J., Gas, N.: Absorption of protein macromolecules by the enterocytes of the carp (Cyprinus carpio L.). Ultrastructural and cytochemical study. Z. Zellforsch. 146, 525—541 (1973)

Nordström, C., Koldovský, O., Dahlquist, A.: Localization of β-galactosidase and acid phosphatase in the small intestinal wall. Comparison of adult and suckling rat. J. Histochem. Cytochem. 17, 341—347 (1969)

Novikoff, A. B.: Biochemical and staining reactions of cytoplasmic constituents. In: Developing cell systems and their control (Rudick, D., ed.), pp. 167—203. New York: Ronald Press 1960

Novikoff, A. B.: Lysosomes and related particles. In: The cell (Brachet, J., Mirsky, A. E., eds.), vol. II, pp. 424—488. New York-London: Academic Press 1961

Novikoff, A. B., Essner, E., Quintana, N.: Golgi apparatus and lysosomes. Fed. Proc. 23, 1010—1022 (1964)

Novikoff, A. B., Goldfischer, S.: Nucleosiddiphosphatase activity in the Golgi apparatus and its usefulness for cytological studies. Proc. nat. Acad. Sci. 47, 802—810 (1961)

Oda, T., Seki, S.: Molecular basis of structure and function of the plasma membrane of the microvilli of the intestinal epithelial cells. In: Electron microscopy (Uyeda, R., ed.), vol. II, pp. 387—388. Tokyo: Maruzen 1966

Okada, E., Waddington, C. H.: The submicroscopic structure of the Drosophila egg. J. Embryol. exp. Morph. 7, 583—597 (1959)

Odledzka-Słotwínska, H., Desmet, V. J.: Electron microscopic and cytochemical study on the role of Golgi elements and plasma membrane of enterozytes in intestinal lipid transport. Histochemie 28, 276—287 (1971)

Onoé, T., Ohno, K.: Role of endoplasmic reticulum in fat absorption. In: Intracellular membrane structure (Seno, S., Cowdry, E. V., eds.), pp. 559—568. Okajama: Chugoku 1963

Orlic, D., Lev, R.: Fetal rat intestinal absorption of horseradish peroxidase from swallowed amniotic fluid. J. Cell Biol. 56, 106—119 (1973)

Padykula, H. A.: Recent functional interpretations of intestinal morphology. Fed. Proc. 21, 873—879 (1962)

Padykula, H. A., Herman, E.: Factors affecting the activity of adenosine triphosphatase and other phosphatases as measured by histochemical techniques. J. Histochem. Cytochem. 3, 161—169 (1955)

Palay, S. L., Karlin, L. J.: An electron microscopic study of the intestinal villus. II. The pathway of fat absorption. J. biophys. biochem. Cytol. 5, 373—383 (1959)

Palay, S. L., Revel, J. P.: The morphology of fat absorption. In: Lipid transport (Meng, H. G., ed.), p. 33. Springfield: Thomas 1964

Parsons, N. S.: Quantitative aspects of pinocytes in relation to intestinal absorption. Nature (Lond.) 199, 1192—1193 (1963)

Pazelt, V.: Der Darm. In: Hdb. der mikroskopischen Anatomie des Menschen (Möllendorf, W. v., Hrsg.), Bd. 5/III. Berlin: Springer 1936

Pfeifer, U.: Probleme der cellulären Autophagie. Morphologische, enzymhistochemische und quantitative Untersuchungen an normalen und alterierten Leberepithelien der Ratte. Erg. Anat. Entwickl.-Gesch. 44, Heft 4 (1971)

Pearse, A. E. G.: Histochemistry. Theoretical and applied. London: Churchill 1960, 1968, 1972

Peters, T. J.: The action of corticosteroid hormones on the small intestine. In: Intestinal adaption (Dowling, R. H., Riecken, E. O., eds.), pp. 249—251. Stuttgart-New York: Schattauer 1974

Pina, E., Hambata, A., Lagma, J.: Effect of low concentrations of steroids on the activity of glycyl-glycine dipeptidase in vitro. Biochem. biophys. Res. Commun. 9, 447—450 (1962)

Porter, K. R.: Independence of fat absorption and pinocytosis. Fed. Proc. 28, 35—40 (1969)

Porter, K. R., Kenyon, K., Badenhausen, S.: Specializations of the unit membrane. Protoplasma 58, 262—274 (1967)

Pugh, D.: The fine structural localization of N-acetyl-β-glucosaminidase in rat tissues using an indoxyl substrate. Ann. Histochim. **17**, 55—64 (1972a)

Pugh, D.: The cytochemical localization of β-galactosidase. Ann. Histochim. **17**, 89—90 (1972b)

Rodewald, R.: Selective antibody transport in the proximal small intestine of the neonatal rat. J. Cell Biol. **45**, 635—640 (1970)

Rodewald, R.: Intestinal transport of antibodies in the newborn rat. J. Cell Biol. **58**, 189—211 (1973)

Röhlich, P.: Formation of brush border by fusion of vesicles. In: Electron microscopy (Breese, S. S., ed.). New York-London: Academic Press 1962

Rokos, J., Hahn, P., Koldovský, O., Procházka, P.: The postnatal development of lipolytic activity in the pancreas and small intestine of the rat. Physiol. Bohemoslov. **12**, 213—219 (1963)

Romeis, B.: Mikroskopische Technik. München: Oldenbourg 1968

Rosenbaum, R. M., Wittner, M. (1962): zit. nach Müller *et al.* (1963)

Ross, L., Goldsmith, E. D.: Histochemical studies of effects of cortisone in fetal and newborn rats. Proc. Soc. exp. Biol. (N.Y.) **90**, 50—55 (1955)

Rostgaard, J., Barnett, R. J.: Fine structural observations of the absorption of lipid particles in the small intestine of the rat. Anat. Rec. **152**, 325—350 (1965)

Roth, T. F., Porter, K. R.: Yolk protein uptake in the oocyte of the mosquito *Aedes aegypti* L. J. Cell Biol. **20**, 313—332 (1964)

Rubino, A., Zimbalatti, F., Auricchio, S.: Intestinal disaccharidase activities in adult and suckling rats. Biochim. biophys. Acta (Amst.) **92**, 305—311 (1964)

Sarbahi, D. S.: Studies of the digestive tracts and the digestive enzymes of the gold-fish, *Larassius auratus* L. and the large-mouth black bass, *Micropterus salmoides* (Lacépède). Biol. Bull. **100**, 244—270 (1951)

Saunders, J. W.: Death in embryonic systems. Science **154**, 604—612 (1966)

Saunders, J. W., Gasseling, M. T., Saunders, L. C.: Cellular death in morphogenesis of the avian wing. Develop. Biol. **5**, 147—156 (1962)

Schmidt, W.: Über den paraplazentaren, fruchtwassergebundenen Stofftransport beim Menschen. II. Nachweis der vom Amnion abgegebenen Lipide im Fruchtwasser und im Dünndarm des Keimes. Z. Anat. Entwickl.-Gesch. **126**, 276—288 (1967)

Schmidt, W.: Darmepithel und Mekoniumbildung. Anat. Anz. **130** (Erg.-Heft), 55—61 (1971a)

Schmidt, W.: Über den paraplacentaren, fruchtwassergebundenen Stofftransport beim Menschen. IV. Vernix caseosa und Meconium. Z. Anat. Entwickl.-Gesch. **135**, 222—241 (1971b)

Schneider, F.: Zur Biochemie der Enzyme. Acta histochem. (Jena) 1973 (im Druck)

Schnepf, E., Koch, W.: Über die Entstehung der pulsierenden Vakuolen von *Vacuolaria virescens* (Chloromonadophycae) aus dem Golgi-Apparat. Arch. Microbiol. **54**, 229—236 (1966)

Semenza, G.: Intestinal oligosaccharidases and disaccharidases. In: Handbook of physiology. Alimentary canal, vol. III. Intestinal absorption (Code, C. F., ed.), pp. 2547—2566. Baltimore: Williams & Wilkins 1968

Senior, J. R.: Intestinal absorption of fats. J. Lipid Res. **5**, 495—521 (1964)

Sherman, F. G., Quastler, H.: DNA synthesis in irradiated intestinal epithelium. Exp. Cell Res. **19**, 343—360 (1960)

Shervey, P. D.: Observations on the development and histochemistry of the intestinal inclusion bodies of the suckling rat. Anat. Rec. **154**, 422 (1966)

Shervey, P. D.: A histochemical study of the inclusion bodies in the small intestine of the developing rat. Z. Anat. Entwickl.-Gesch. **141**, 39—53 (1973)

Shervey, P. D., Anderson, D.: Observations on the transfer of ferritin through the intestinal epithelium of the suckling rat. Anat. Rec. **166**, 377 (1970)

Shervey, P. D., Gander, P. J.: Intestinal absorption of ferritin in the suckling rat. Am. J. Anat. **137**, 471—476 (1973)

Sibalin, M., Björkman, N.: On the fine structure and absorptive function of the porcine jejunal villi during the early suckling period. Exp. Cell Res. **44**, 165—174 (1966)

Sievers, A.: Golgi-Apparat. In: Grundlagen der Cytologie (Hirsch, G. C., Ruska, H., Sitte, P., Hrsg.), S. 281—296. Stuttgart: Fischer 1973

Sjöstrand, F. S.: The fine structure of the columnar epithelium of the mouse intestine with special reference to fat absorption. In: Biochemical problems of lipids (Frazer, A. C., ed.), pp. 91—115. Amsterdam: Elsevier 1963

Sjöstrand, F. S., Borgström, B.: The lipid components of the smooth-surfaced membrane-bounded vesicles of the columnar cells of the rat intestinal epithelium during fat absorption. J. Ultrastruct. Res. **20**, 140—160 (1967)

Spiro, R. G.: Glycoproteins. Ann. Rev. Biochem. **39**, 599—638 (1970)

Staley, T. E., Jones, E. W., Marshall, A. E.: The jejunal absorptive cell of the newborn pig. An electron microscopic study. Anat. Rec. **161**, 497—516 (1968)

Strauss, E. W.: Morphological aspects of triglyceride absorption. In: Handbook of physiology. Alimentary canal, vol. III. Intestinal absorption (Code, C. F., ed.), pp. 1377—1406. Baltimore: Williams & Wilkins 1968

Tappel, A. L.: Lysosomal enzymes and other components. In: Lysosomes in biology and pathology (Dingle, J. T., Fell, H. B., eds.), vol. II, pp. 207—244. Amsterdam-London: North Holland 1969

Tomkins, G. M., Maxwell, E. S.: Some aspects of steroid hormone action. Ann. Rev. Biochem. **32**, 677—708 (1963)

Toner, P. G.: Cytology of intestinal epithelial cells. Int. Rev. Cytol. **24**, 233—343 (1968)

Trier, J. S.: Morphology of the epithelium of the small intestine. In: Handbook of physiology. Alimentary canal, vol. III. Intestinal absorption (Code, C. F., ed.), pp. 1125—1175. Baltimore: Williams & Wilkins 1968

Trier, J. S., Rubin, C. E.: Electron microscopy of the small intestine: a review. Gastroenterology **40**, 574—603 (1965)

Udenfriend, S.: Fluorescence assay in biology and medicine, vol. I, II. New York-London: Academic Press 1962, 1969

Vacek, Z.: Submikroskopická struktura a cytochemie epitelu teukého stréva u krysich mlád'at. Cslká. Morf. **12**, 292—301 (1964)

Veress, B., Baintner, K.: Morphological and histochemical features of protein absorption in newborn animals. Acta morph. hung. **18**, 237—248 (1970)

Verity, M. A., Caper, V. R., Brown, W. J.: Spectrofluorometric determination of β-glucuronidase activity. Arch. Biochem. Biophys. (Amst.) **106**, 386—393 (1964)

Verity, M. A., Cambell, J. K., Brown, W. J.: Fluorometric determination of N-acetyl-β-glucosaminidase activity. Arch. Biochem. Biophys. (Amst.) **118**, 310—315 (1967)

Vollrath, L.: Über die Entwicklung der Belegzellen der Magendrüsen. Z. Zellforsch. **50**, 36—60 (1959)

Vollrath, L.: Über die Bildung von Lysosomen im fetalen Dünndarm. Experientia (Basel) **24**, 471 (1968)

Vollrath, L.: Über die Entwicklung des Dünndarms der Ratte. Morphologische, histochemische und experimentelle Untersuchungen. Erg. Anat. Entwickl.-Gesch. **41**, Heft 2 (1969)

Vollrath, L.: Über die Mikrovillibildung im fetalen Rattendünndarm. Z. Zellforsch. **114**, 546—556 (1971)

Wachstein, M., Meisel, E.: On the histochemical demonstration of glucose-6-phosphatase. J. Histochem. Cytochem. **4**, 592 (1958)

Wachstein, M., Meisel, E.: Histochemistry of hepatic phosphatases at a physiologic pH with special reference to the demonstration of bile canaliculi. Am. J. Clin. Path. **27**, 13—23 (1957)

Waddington, C. H., Okada, E.: Some degenerative phenomena in Drosophila ovaries. J. Embryol. exp. Morph. **8**, 341—348 (1960)

Walker, W. A., Cornell, R., Davenport, L. M., Isselbacher, K. J.: Macromolecular absorption. Mechanism of horseradish peroxidase uptake and transport in adult and neonatal rat intestine. J. Cell Biol. **54**, 195—205 (1972)

Weber, R.: Biochemische und zellbiologische Aspekte der Geweberückbildung in der Entwicklung. Bull. schweiz. Akad. med. Wiss. **22**, 27—46 (1966)

Weber, R.: Biochemical and cellular aspects of tissue involution in development. Exp. Biol. Med. **1**, 63—76 (1967)

Weber, R.: Tissue involution and lysosomal enzymes during anuran metamorphosis. In: Lysosomes in biology and pathology (Dingle, J. T., Fell, H. B., eds.), vol. II, pp. 436—461. Amsterdam-London: North Holland 1969

Weissmann, G.: The effect of steroids and drugs on lysosomes. In: Lysosomes in biology and pathology (Dingle, J. T., Fell, H. B., eds.), vol. I, pp. 276—295. Amsterdam-London: North Holland 1969

Wendler, D.: Der embryo-fetale Zelltod während der Normogenese und im Experiment. Acta historica leopol. **8**, 7—295 (1972)

Wetzel, B. K., Spicer, S. S., Horn, R. G.: Cytochemical localization of non-specific phosphatase activity in rabbit myeloid elements. J. Histochem. Cytochem. 11, 812—814 (1963)

Wetzel, B. K., Spicer, S. S., Horn, R. G.: Fine structural localization of acid and alkaline phosphatase in cells of rabbit myeloid elements. J. Histochem. Cytochem. 15, 311—334 (1967)

Wild, A. E.: Transport of immunoglobulins and other proteins from mother to young. In: Lysosomes in biology and pathology (Dingle, J. T., ed.), vol. III, pp. 169—215. Amsterdam-London: North Holland 1973

Williams, R. J., Beck, F.: A histochemical study of gut maturation. J. Anat. (Lond.) 105, 487—501 (1969a)

Williams, R. M., Beck, F.: Demonstration of alkaline phosphatase in the lysosomes of the neonate rat ileum. Histochemical J. 1, 531—538 (1969b)

Wilson, T. H.: Intestinal absorption. Philadelphia: Saunders 1962

Winckler, J.: Kontrollierte Gefriertrocknung von Kryostatschnitten. Histochemie 22, 234—240 (1970a)

Winckler, J.: Zum Einfrieren von Gewebe in Stickstoff-gekühltem Propan. Histochemie 23, 44—50 (1970b)

Winckler, J.: Verwendung gefriergetrockneter Kryostatschnitte für histologische und histochemische Untersuchungen. Histochemie 24, 168—186 (1970c)

Winckler, J.: Pers. Mitt. 1974

Wissig, S. L., Graney, D. O.: Membrane modifications in the apical endocytotic complex of ileal epithelial cells. J. Cell Biol. 39, 564—579 (1968)

Worthington, B. B., Graney, D. O.: Uptake of adenovirus by intestinal absorptive cells of the suckling rat. I. The neonatal ileum. Anat. Rec. 175, 37—62 (1973a)

Worthington, B. B., Graney, D. O.: Uptake of adenovirus by intestinal absorptive cells of the suckling rat. II. The neonatal jejunum. Anat. Rec. 175, 63—76 (1973b)

Yamamoto, T.: An electron microscope study of the columnar epithelial cell in the intestine of fresh water teleosts. Goldfish and rainbow trout. Z. Zellforsch. 72, 66—87 (1966)

Yeh, K., Moog, F.: Intestinal lactase activity in the suckling rat: influence of hypophysectomy and thyreodectomy. Science 183, 77—79 (1974)

Yeznitová, N. N., Timofeeva, N. M., Koldovský, O., Nurx, Ya., Ugolev, A. M.: Postnatal development of enzymatic activities of the small intestinal surface in rats (invertase, peptidase, lipase). Proc. Acad. Sci. USSR 154, 990—993 (1964) (in Russian)

Sachverzeichnis